U0350454

国家科学技术学术著作出版基金、国家自然科学基金(41502304)、泰山学者工程专项经费(鲁政办字〔2015〕212 号)、教育部博士学科点专项科研基金(20133721120004)、中国博士后科学基金(2015M581940)、山东省高等学校科技计划项目(J14LG04)资助出版

静压混凝土管桩施工效应研究及工程应用

刘俊伟　张明义　凌贤长　苏　雷　唐　亮　著

中国海洋大学出版社

·青岛·

图书在版编目(CIP)数据

静压混凝土管桩施工效应研究及工程应用/刘俊伟
等著. —青岛:中国海洋大学出版社,2016.12
ISBN 978-7-5670-1191-5

Ⅰ. ①静… Ⅱ. ①刘… Ⅲ. ①混凝土管桩—工程施工
Ⅳ. ①TU473.1

中国版本图书馆 CIP 数据核字(2016)第 164748 号

出版发行	中国海洋大学出版社
社　　址	青岛市香港东路 23 号
邮政编码	266071
出版人	杨立敏
网　　址	http://www.ouc-press.com
电子信箱	2586345806@qq.com
订购电话	0532-82032573(传真)
责任编辑	矫恒鹏　　　　　　　　　　电　话　0532-85902349
印　　制	日照报业印务有限公司
版　　次	2016 年 12 月第 1 版
印　　次	2016 年 12 月第 1 次印刷
成品尺寸	170 mm×230 mm
印　　张	13.50
字　　数	255 千
印　　数	1—1 000
定　　价	28.00 元

前　言

PREFACE

　　静压管桩技术无噪音、无泥浆污染、对周边环境影响小，属于绿色环保施工技术，已成为我国最主要的桩型之一。使用范围覆盖了工业民用建筑、港口、铁路以及水利等工程建设各个领域。

　　工程应用中，混凝土管桩的端部多采用开口形式。当开口管桩贯入地基或海（河）床时，一部分土体挤入桩孔内形成"土塞"，其余部分土体则挤向周边。混凝土管桩采用离心技术生产而成，离心作用导致粗骨料主要集中在桩壁外部，而内壁则是由水灰比高的水泥浆液凝固而成。表面粗糙且强度较低的内壁使得土塞的形成并非只是土体简单的挤密，而是桩内壁的磨损、土颗粒的破碎、旋转及重排列、颗粒间接触力变化等细观参数渐进变化的耦合。可见，静压开口管桩的承载性能受到诸多因素的影响，此处笔者称之为"施工效应"，包括土塞效应、挤土效应、承载力时间效应和残余应力四部分，彼此相互影响共同制约桩的承载力性状。

　　本书系统介绍了笔者近 10 年来通过现场足尺试验、室内物理力学试验、统计分析和理论建模解析所得到的静压开口管桩"施工效应"领域的研究成果，全书共分 6 章。

　　第 1 章为绪论，介绍了静压开口管桩领域的相关研究现状，以及本书的研究思路和方法。

　　第 2 章为开口管桩的土塞效应，介绍了通过现场试验和室内土工试验所获得的不同土层中土塞的发展规律及物理力学和分层特性。介绍了建立的开口混凝土管桩"桩中桩"荷载传递解析模型。同时还介绍了基于静力触探试验的开口混凝土管桩的承载力设计方法。

　　第 3 章为挤土效应，即沉桩挤土对桩-土体系的影响。着重介绍了在粉土地基中进行的开口管桩的挤土效应试验，展示了沉桩过程及静置期内桩周土体的应力、孔隙水压力和位移的变化规律。论述了建立的开口管桩挤土效应解析计算模型。同时介绍了通过自制的恒刚度进行的剪切试验,展示了桩侧摩阻力随剪切循环的退化规律。

第4章为时间效应。介绍了提出的承载力三阶段增长理论模型,以及基于固结理论的承载力时效解析计算模型,指出了完全非闭塞的摩擦型开口管桩承载力随时间的相对增长规律。介绍了采用隔时复压试验和静载荷试验所得到的开口管桩的时效性规律。阐述了提出的基于隔时复压试验的静压桩承载力优化方法。还介绍了近2000根开口管桩静载荷试验的数据分析结果。

第5章介绍了残余应力,即为沉桩后由于桩身压缩不能完全恢复而残留于桩内的应力。介绍了利用光纤传感技术对开口管桩的残余应力展开的足尺试验研究成果,展示了残余应力与沉桩过程的相关关系。介绍了基于能量守恒的残余应力模拟计算解答,指明了桩土参数和沉桩方式对残余应力的影响规律。

第6章为展望。

本书通过系统介绍施工效应中各个方面对静压开口混凝土管桩受力特性的影响规律,旨在为静压开口混凝土管桩的工程应用和设计提供指导和参考。

课题组白晓宇、王永洪、尚文昌、李晓玲、朱娜、赵国晓、王明明为本书的著写提供了大量协助工作,在此表示感谢。

目 录
CONTENTS

1.1　研究背景

桩基础作为一种最为常见的深基础形式,已广泛应用于工业与民用建筑、道路、桥梁及港口工程。桩有灌注桩和预制桩之分,两者各有优劣。近年来,预制桩尤其是预应力混凝土管桩,凭借其造价低、施工快、质量可靠等优势,逐渐得到工程界的青睐,已占到我国桩基使用总量的半壁江山。

预应力混凝土管桩通常采用锤击法和静压法两种沉桩方式。锤击法的起源即为远古时代的手锤法,而后逐渐发展到自由落锤、蒸气锤以及柴油锤等,是 20世纪 80 年代以前预制桩的主要施工方法。静力压入沉桩法的推广应用开始于20 世纪 60 年代,标志为第一台大型静压桩机"Pilemaster"在英国的诞生。静压法是借助于反力并采用压桩机械将桩体压入地基的一种施工工艺,国外常称之为 press-in 或 jacking method。静力压桩机械的压桩反力可来自于临近桩或配重及桩机自身,如图 1.1 所示。多数情况下预应力混凝土管桩的桩端采用开口形式,此举在一定程度上可减小贯入阻力和挤土效应,桩尖仅在土质较硬或入岩较深时使用。

1.1.1　静压预应力混凝土管桩相比其他桩型的优势

(1) 施工噪音低。距离静压桩机 1.0 m 处的噪音量仅为 75 分贝(Selby,1997),而双驱动柴油锤打桩机的噪音量高达 135 分贝,我国国家标准《建筑施工场地噪音极限》(GB 12523—90)中对于打桩机噪音控制的上限值为 85 分贝。

(2) 施工振动小。静压桩机施工时,7.5 m 处浅层地基的质点振动峰值为0.3~0.7 mm/s,而柴油锤沉桩所产生的振动则高达 15.2 mm/s,前者仅为后者的 2%～5%(White,2002)。居民住宅所能承受的振动值上限为 5 mm/s(Eurocode 3)。

图 1.1　静力压入桩机

（3）无泥浆污染。一个钻孔灌注桩工地所产生的废弃泥浆从几万方到十几万方不等，一个中等规模城市一年的废弃泥浆产量可达百万方之多。静压预应力混凝土管桩的施工则无此污染。

（4）施工效率高。一台国产静压桩机每台班的施工量可达数百延米。

（5）施工质量易控制。沉桩过程可显示压桩力，使隐蔽工程明朗化。

1.1.2　静压预应力混凝土管桩的不足

随着大吨位静压桩机的涌现(可达数千吨)，混凝土管桩的使用不再局限于上部荷载较小的低层和多层建筑，已逐渐推广到小高层甚至高层建筑的基础工程中。然而，在混凝土管桩的应用过程中也暴露出了一些问题。

其一，沉桩挤土对周边环境的不利影响(张忠苗,1999；郑刚,2007)，体现在以下几个方面：① 对周边建筑物、构筑物、道路及地下管道设施造成不同程度的破坏；② 造成已有桩上浮、偏位、桩身损伤或断裂；③ 导致临近边坡或基坑失稳。

其二，静压桩群桩施工过程中，由于群桩挤土效应会使桩间土和桩端土土结构破坏从而降低其强度。

其三，工程应用中不少实测数据显示管桩的实际承载力与设计值存在较大差异，前者远小于后者的实例也屡见不鲜(张忠苗,2007a)。开口管桩的承载力性状亟待更为深入的理解，相关设计方法也有待完善。

1.2　国内外研究现状综述

1.2.1　土塞效应

对于土塞效应的研究开始于 20 世纪 70 年代。Kishida & Isemoto 在 1977 年进行了足尺模型试验,揭示了土塞侧阻发挥高度以及土塞侧向土压力系数的分布规律。

Heerema & Jong(1980)将土塞模拟为一系列质点和弹簧组,用以分析土塞和桩之间的相互作用,并编制了计算机程序。

Paikowsky & Whitman(1990)等研究了土塞对开口管桩极限承载力、承载力时间效应以及动力特性的影响。

郑俊杰等(1991)在考虑土塞效应的前提条件下,利用柱孔扩张理论对管桩的挤土效应进行了理论研究,得到了桩周土体在弹塑性阶段的应力场和位移场的解析解答。

Randolph(1991)建立了土塞的一维静力平衡方程,同时引入了"有效土塞高度"的概念。Randolph 等(1992)通过模型桩试验证明了以上一维模型的合理性。

Paik & Lee(1993)进行了一系列砂土中的开口管桩模型试验,研究了土质条件对土塞荷载传递的影响,并基于试验结果建立了土塞土压力系数的表达式。

De Nicola & Randolph(1997)通过一系列模型桩试验对锤击桩和静压桩土塞效应的差异进行了对比。

Miller & Lutenegger(1997)在超固结黏性土场地上进行了锤击管桩和静压管桩的对比试验。研究发现,土塞的增长规律与沉桩方法、桩身尺寸和土质情况密切相关。

龚维明和蒋永生(2000)结合实际工程,分析了开口钢管桩的闭塞效应、沉桩阻力、群桩相互作用问题。

Finlay 等(2001)采用双层钢管桩来研究桩靴对内外壁摩阻力的影响。发现内侧和外侧桩靴对内外壁摩阻力的降低系数分别为 3 和 4。

Lehane & Gavin(2001)发现内壁摩阻力主要由土塞下部 1 倍桩径范围的部分来提供;管壁端阻值与静力触探锥尖阻力值大致相等,不随土塞增长率(IFR)的变化而改变。

White(2002)在其博士论文中对土塞效应的研究现状进行了综述;提出了土拱理论进行内壁摩阻力的计算;采用"内外双筒"模型桩,对砂土中土塞的性状进行了研究。

Paik 等(2003)利用"内外双筒"技术对开口和闭口钢管桩在承载力性状和贯

入特征方面进行了对比研究,发现开口桩的沉桩阻力小于闭口桩。

Paik & Salgado(2003)在模型桩试验的基础上,建立了开口管桩土塞端阻、管壁端阻和桩外侧摩阻力的经验表达式,并在此基础上提出了承载力的设计公式。

刘汉龙等(2004)通过非线性有限元分析发现,PCC 桩土塞底部的水平应力在荷载作用过程中有较大的提高,内摩阻力沿土塞呈指数曲线分布。

王哲等(2005)从土芯高度和力学性状两方面分析了土芯对筒桩承载力的影响,得出了筒桩内侧摩阻力和土芯顶端分担荷载的计算方法。

刘润等(2005)建立了土塞微分体的静力平衡方程,同时采用波动方程法近似模拟土塞与桩管内壁的相互作用,建立了简化的土塞与桩壁相互作用模型。

杜来斌(2005)引入太沙基提出的地基破坏三角楔体理论,分析了开口管桩土塞的形成过程和作用机理,解释了开口桩土塞面高于原土层面的现象。

Leong & Randolph(2006)利用有限元对土塞进行了分析。对比试验数据发现,采用弹塑性模型模拟土塞,理想弹塑性模型模拟桩内壁与土塞的界面是符合实际情况的。

吴庆勇和张忠苗(2006)在考虑土塞效应的基础上,并结合莫尔-库仑定律,提出了一种能够在黏性土中计算开口管桩极限承载力的简便方法。

陈波等(2003)、周健等(2008)对国内外的研究现状进行了回顾,总结了影响土塞性状的因素、力学分析及评价和土塞机理及分析方法等。

刘国辉(2007)通过有限元分析发现,桩壁内侧 β 的大小与土塞高度与管桩的内半径比值以及管桩的位移密切相关。

Malhotra(2007)对相同直径不同壁厚的 3 根钢管模型桩进行了模型槽试验,观测了沉桩过程中土塞高度以及沉桩阻力的变化。

谢永健等(2009)统计分析了软土地区 44 根超长 PHC 桩的土塞高度变化规律。

刘汉龙等(2009)通过数值分析发现 X 型桩中出现了类似 H 型桩的"半封闭土塞"。

可以发现,国外对于土塞效应的研究更为成熟,但绝大多数都是基于砂土中的钢管桩展开的。然而,混凝土管桩与钢管桩的壁厚以及内外壁的粗糙度等方面均有显著差异,混凝土管桩土塞效应方面的研究亟待深入。

1.2.2　挤土效应

对于预制桩挤土效应方面的研究是较为成熟的,研究方法主要有圆孔扩张理论、应变路径法、有限单元法和试验法 4 种(郑刚和顾晓鲁,1998),以下分别对采用每种方法研究挤土效应的现状进行综述。

1.2.2.1　圆孔扩张理论(Cavity Expansion Method)

Vesic(1972)采用相关流动法则的 Mohr-Coulomb 屈服准则,给出了理想弹塑性圆孔扩张问题的基本解,并于 1977 年将其应用于深基础承载力方面的研究。

Randolph 等(1979)利用柱形孔扩张理论以及平面轴对称模型,将桩的贯入过程看作圆柱形孔的不排水扩张过程,并推导出了有效应力计算公式。

攀良本(1981)应用模型桩试验对圆孔扩张理论进行了验证。

Cater(1986)采用非相关流动法则的 Mohr-Coulomb 屈服准则,并考虑了塑性区的大变形,得到了圆孔从零半径扩张到有限半径的极限应力解。

Sagaseta(1987)利用源与汇的相互作用得到了地表面的位移解。

胡中雄和侯学渊(1987)将饱和土中压桩的挤土效应问题视为半无限土体中柱形小孔的扩张问题,应用弹塑性理论求出了沉桩时的桩周土体的应力和变形。

Chow & The(1990)参考 Sagaseta 的做法,利用圆孔扩张法把沉桩过程看作一个准静态过程,从而求得了沉桩过程中的位移场。

Yu & Houlsby(1991)采用非相关流动法则的 Mohr-Coulomb 屈服准则,对剪胀弹塑性土的球孔和柱孔扩张问题给出了统一的解析解。

王启铜和龚晓南(1992)采用拉压不同模量,建立了桩周土体应力和位移的表达式。

张季如(1994)利用砂性土内球孔扩张的能量平衡条件和应力平衡条件,给出球形孔扩张最终压力的解答。

邵勇和夏明耀(1996)将 Sagaseta 半无限空间中由于球孔的收缩而产生的位移结果,推广应用于沉桩过程中产生的土体位移。

蒋明镜和沈珠江(1996)推导出了考虑应变软化的桩周土体应力与位移的关系式,将损伤概念引入沉桩研究中。

陈文(1999)假设桩侧摩阻力随深度线性变化,引入体积变化率,求出了同时考虑土体自重和侧摩阻力的柱形孔扩张理论解。

黄院雄等(2000)推导出了饱和土中桩周任意点的水平和垂直位移。

Cao 等(2001)采用修正剑桥模型,研究了不排水情况下柱形孔和球形孔扩张,推导出了孔隙水压力和有效应力的解答。Chang 等(2001)将其成果应用于静力触探。

李月健(2001)用圆孔扩张模型和源汇理论的手段求解在基桩贯入过程中周围土体内产生位移场的理论表达式。

姜坷(2002)采用线性应变软化模型,考虑土体结构损伤,应用柱孔扩张理论对桩周土体的应力场、位移场以及超静孔隙水压力的产生和消散进行了求解。

胡士兵(2007)假定沉桩过程是若干个球孔在不同位置的扩张效应的累加，以球孔扩张解析解为基础，推导得到了沉桩挤土效应的解析解。但未考虑土塞效应的影响，成果只限制于实体桩或闭口桩。

1.2.2.2 应变路径法(Strain Path Method)

应变路径法是由 Baligh(1985)首先提出的，此方法利用一个点源和一个均匀的竖直方向的流场相结合，模拟出一个光滑的圆头桩沉入过程，得到独立于本构关系的应变场，从而求出土体中的应力。

Baligh(1985,1986a,1986b)利用应变路径法得出位移及应变场，进而推导出了相应的剪应力及孔压规律。Baligh & Levadoux(1986)分析了成桩后土体的固结过程，并给出了孔压的消散规律。

Sagaseta & Whittle(2001)在 SPM 法的基础上提出了 SSPM 法，并将其用于黏土中打桩引起地面隆起的预估。

罗战友(2004)基于 SPM 法的理论基础，在小应变假定情况下，推导了静压单桩周围土体位移场的解析解，并运用拉格朗日插值法推导了多桩施工引起的位移场的解析式。

1.2.2.3 有限单元法(Finite Element Method)

Chopra(1992)将土看成两相介质，使用临界状态模型，采用修正的拉格朗日方法描述了桩的贯入过程中桩周土体发生的大增量的塑性变形和有限旋转，沉桩过程被模拟成桩尖土的逐渐劈裂过程，但没有考虑桩与土之间发生的滑动。

Mabsout(1994)采用了应力贯入来模拟沉桩过程，沉桩过程用摩擦接触滑移线法模拟，考虑了土体的非线性问题，采用了边界面模型，分析过程采用 Update Lagragian 方法描述大变形。

鲁祖统(1998)建立了空间轴对称问题考虑大变形和弹塑性耦合的有限元方程和采用修正 Lagragian 算法的表达式，应用虚功原理对单桩压入饱和黏性土中的桩和土体进行了研究。

陈文(1999)采用 Desai 接触面单元和基于圆孔扩张理论的空间轴对称有限元对静压桩过程进行了模拟。

周健等(2000)采用有限元方法，把桩的压入过程分成段，再自上而下分段扩张到桩径来模拟桩的贯入，得到了一些关于沉桩挤土效应和超孔隙水压力分布的成果。

许清侠(2000)以无限土体平面应变圆柱形小孔扩张理论为基础，结合 Biot 固结理论，采用修正的剑桥土体模型，对打桩过程及打桩后桩周土的再固结过程进行了有限元分析。

张明义(2003)提出了位移贯入法，采用有限元法模拟静压桩连续贯入的整个过程,借助于有限元 ANSYS 分析软件,结合非线性大变形、弹塑性、接触面等计算技术,在不同深度上分段贯入,实现了静压桩贯入的模拟。

Chao 等(2005)将桩体设置为刚体,土体采用修正剑桥模型,桩土接触面采用修正的拉格朗日有限元方程来解模型的大应变问题。

郑俊杰等(2005)应用圆柱形空腔体扩张理论,编制了轴对称应变的参变量有限元程序,模拟了沉桩挤土效应。

陈晶等(2006)用 ABAQUS 软件模拟桩土相互作用中的接触问题,利用 ABAQUS 软件中的主-从接触算法,在桩侧与土体之间建立接触对,对桩身采用弹性模型,土体采用摩尔-库仑模型进行模拟,并考虑初始地应力的影响。

鹿群(2007)通过位移贯入法来模拟静力压桩,采用了 Drucker-Prager 模型作为土的弹塑性本构关系,面-面摩擦接触单元模拟桩土界面,接触面的摩擦类型为库仑摩擦,并且考虑了土体自重应力场的影响。

1.2.2.4　试验研究(Test Research)

Poulos & Davis(1980)等研究得出:超静孔隙水压力与土的灵敏度有关;桩附近产生较高的超静孔隙水压力可达竖向有效应力的 1.5~2.0 倍,桩尖附近更可达到竖向有效应力的 3~4 倍;15 倍桩径外,超静孔压值可忽略不计。

Banerjee(1982)在桩体上安装摩擦力和侧压力测量元件,测定模型槽中桩体贯入过程中的应力以及土体位移。

Admas & Hanna(1970)观测 H 型钢桩压入较硬土体时,认为桩周土体的隆起量与桩在土中总体积之比为 100%;Orrje & Broms(1967)发现钢筋混凝土预制桩在灵敏的软弱土中排土量为 30%。Hagerty & Peek(1971)发现在黏土中 H 型钢桩的排土量为 50%,同时发现灵敏性土中压桩所产生的位移比非灵敏性土要小。

施鸣升(1983)通过现场试验和模型试验发现,桩侧摩阻力随着挤土密度的增大而增大,并提出了表达式;桩内侧摩阻力为外侧摩阻力的 0.3~0.6 倍且与深度有关。

邵勇(1996)基于地层中打入桩桩身体积与向外挤压移动的体积相等的几何原理提出了一种考虑桩挤压移动的土体与临近建筑物桩基共同作用的求邻近柱基位移的方法。

姚笑青和胡中雄(1997)利用土压力理论来估算沉桩引起的超静孔隙水压力,提出了单桩和群桩两种情况下超静孔隙水压力的计算,并与工程实测资料进行了对比。

陈文和施建勇(1999)通过不同黏土中静压桩贯入的离心模型试验,对桩体贯入饱和黏土时的土体位移和初始超孔隙水压力的空间分布情况进行了研究。

陈文(1999)在其硕士论文中对静压桩的挤土效应进行了较为系统的研究,并在 Heknel 公式基础上分析了沉桩中超静孔隙水压力的变化。

许建平和周健等(2000)应用双层直接对准法对在软黏土中静力压入单桩与双桩进行了半模型试验,对沉桩挤土效应进行了研究,获得了沉桩过程中土体位移随水平和深度方向的变化规律。

Hwang 等(2001)通过足尺桩试验观测到孔压的动态变化与桩的贯入过程密切相关;最大超孔隙水压力随离桩距离的增加急剧减小,在 15 倍桩径外可忽略不计。

唐世栋(2002a,2002b,2003)通过现场试验研究了饱和软土地基中单桩和群桩的挤土效应,基于对施工引起的超孔隙水压力和侧向土压力的观测,给出了相应的经验公式。

陈龙珠等(2003)定量分析比较了控制施工进度、设置应力释放和排水深孔等工程技术措施对减轻饱和软黏土地基沉桩挤土效应的有效性。

何耀辉(2005)结合实际工程对粉质土中静压沉桩引起的土体水平位移和超孔隙水压力进行了检测。

张忠苗等(2006)采用静载荷试验研究了软土地基中管桩挤土上浮对桩侧阻、端阻和承载力的影响。

刘英克和刘松玉(2008)采用圆孔扩张理论建立了 PHC 管桩内外径比关系与挤土效应之间的关系。

张鹤年和刘松玉(2008)实测了 PHC 管桩施工过程中超孔隙水压力的大小、分布、变化规律及影响范围。

张忠苗等(2009)通过静载试验对比了 PHC 管桩和混凝土方桩的荷载-沉降曲线、桩身轴力分布情况、桩侧摩阻力和桩端摩阻力发挥性状的异同。

周火垚和施建勇(2009)监测了沉桩时的侧向位移、地面隆起量和孔隙压力随桩的贯入深度和距桩轴不同距离的分布和变化。

张忠苗等(2010a,2010b)结合工程实例介绍了挤土偏位预应力管桩的处理方法。

1.2.3 承载力时间效应

预制桩承载力随时间增长的现象,在 20 世纪初就已得到工程界的关注。1933 年,苏联的帕塔列耶夫对同一地点 106 年前打入的桩和新近打入桩的承载力进行了对比,发现前者为后者的 2.25 倍。这是至今为止可以搜集到最早的也是观测时间最长的记录。

Terzaghi & Peck 的著作 *Soil Mechanics in Engineering Practice*(1948)也曾报导了预制桩承载力时间效应的实例。

在随后的 30 年中,国内外的工程技术和研究人员积累了一些宝贵的数据。我国于 20 世纪 50 年代开始桩基承载力时间效应的试验工作。1958 年在上海日晖港和天津塘沽进行了我国最早的时间效应试验。但由于当时有限的媒介条件,多数资料只是以静载荷试验资料的形式用于局部范围的交流和借鉴。本书根据孙更生和郑大同(1984)、胡忠雄(1985)提供的资料,将这些宝贵数据加以整理,如表 1.1 所示。

20 世纪 70 年代开始,预制桩承载力时间效应得到更为广泛的关注。一些学者开始进行独立的试验,进行研究。1972 年,Tavenas & Audy 在砂土中进行了27 根混凝土桩承载力变化的静载试验观测,此为针对承载力时间效应最早的系统性试验研究。

此后的研究多数是基于试验展开的,桩型覆盖了预制桩的所有类型:H 型钢桩(如 Samson & Authier,1986;Fellenius 等,1989,1992)、混凝土方桩(如 Eriks-son,1992;Bullock 等,2005a,2005b)、预应力混凝土管桩(如张明义等,2009)、钢管桩(如 Chow 等,1998;Attwooll 等,1999)。桩基承载力的确定方法主要是静载荷试验和 CAPWAP 法。另外,现场贯入扭剪试验(如 Axelsson,2000)、贯入上拔试验(如 Komurka 等,2003)、孔压静力触探试验(如 Branko & Hugo,2005)以及旁压试验(Fioravante 等,1994)等也曾先后被采用。

表 1.2 总结了近 40 年来国内外部分试验研究的基本资料。可见,在以往的研究中锤击桩占大多数,针对静压桩的报道较少且主要集中于国内,这与国内大量使用静压桩的工程背景有关。

承载力时间效应的理论研究方面主要基于固结理论展开的。

Randolph 等(1979)通过基于修正剑桥模型的孔扩张模型,建立了孔隙水压力的分布;应用一维径向固结理论分析了径向有效应力随时间的变化,预测了承载力的增长。

Heydinger 等(1986)结合小孔扩张和荷载传递法计算不同时间的桩承载力。方法中将小孔扩张结果作为荷载传递法的计算参数,从而考虑孔隙水压力对承载力的影响。

Whittle & Sutabutr(1999)基于应变路径法和固结理论,通过采用非线性有限元建立数值模型来预测承载力的增长。

姚笑青(1997)建立了桩间土三维再固结模型来预测桩承载力的增长。

彭劼等(2003)采用空间轴对称固结有限元结合修正剑桥模型,用柱形孔扩张对沉桩过程进行模拟,求出不同时期桩周土中的应力,得到不同间歇期的桩侧最大摩擦力。

表 1.1　20世纪70年代以前国内外桩基承载力时效资料

序号	年份	地点	材料	形状	尺寸/cm	桩长/m	地质条件	初期 $Q_{u0}(q_{u0})$	休止期/天	后期 $Q_{u0}(q_{u0})$	增长 $Q_{ut}/Q_{u0}(q_{ut}/q_{u0})$
1	1933	苏联		圆	Φ26	6			38 690	5	2.5
2	1940	丹麦	木	圆	Φ43	16	冰碛软黏土	97	7	130	1.34
3	1948	美国		方	30×30	26	软黏土夹粉砂	180	33	610	3.39
4	1951	美国					软黏土	300	300	690	2.3
5	1955	美国	钢	圆	Φ15	4.5	粉质软黏土	0.55	33	2.83	5.15
6	1958	上海 日晖港	钢筋混凝土	圆	Φ55	15.5	软黏土	132	185	148	1.12
				方	50×50	15.6		132	222	150	1.14
				方加翼	50×50	15.7		144	224	182	1.26
7	1958	天津塘沽	钢筋砼	方	45×45	8.2	污黏土	19	198	26	1.37
				方	45×45	17.5	亚黏土	100	189	142	1.42
8	1959	天津新港	钢筋砼	方		10	软黏土		42 240		1.37
				方		17.5			21 210		1.42
9	1960	上海 张华滨	钢筋砼	方	50×50	24.5	软黏土	140	395	193	1.38
				方	50×50	27.		216	346	310	1.44
				H型	50×50	23.5		110	320	176	1.6
10	1961	前苏联	钢筋砼	方	35×35	9~14.5	软黏土		>186		>2
11	1961	日本	钢	圆	Φ30	6.61	软黏土	5.2	35	11.3	2.17
12	1961	挪威	木	圆	Φ35(Φ15)	13.1	粉质软黏土	8	796	29	3.63

续表

序号	年份	地点	材料	试桩 形状	试桩 尺寸/cm	试桩 桩长/m	沉桩方法	地质条件	初期 $Q_{u0}(q_{u0})$	休止期/天	后期 $Q_{u0}(q_{u0})$	试验方法	增长 $Q_{ut}/Q_{u0}(q_{ut}/q_{u0})$
13	1964	上海	钢筋砼	方	50×50	37.5	锤击	软黏土	332	4 356	455	静载	1.37
14	1978	蚌埠	钢筋砼	方	30×30	12.4	锤击	黏性土	95	63	110	静载,CAPWAP	1.16

表 1.2 20 世纪 70 年代以来国内外预制桩承载力时效试验基本资料

参考文献	桩型/mm	地质条件	沉桩方法	桩数	桩长/m	试验方法
Tavenas & Audy(1972)	$D=305$ 六边形桩	中密砂	锤击	27	8.5~13	静载
Samson & Authier(1986)	12×63 H 型钢桩	中砂,碎石	锤击	1	22	静载,CAPWAP
Seidel(1988)	450 预应力砼方桩	松~密砂	锤击	1	10.5	静载,CAPWAP
Skov & Denver(1988)	350×350 混凝土桩 $D=762$ 钢管桩	中~粗砂	锤击	2	21,33.7	静载,CAPWAP
Zai(1988)	$D=610$ 钢管桩	粉砂	锤击	5	40~45	静载
Preim 等(1989)	355×355 方桩 $D=323$ 管桩	松~中砂	锤击	2	27,25	静载,CAPWAP
Fellenius 等(1989,1992)	$D=305$ H 型钢桩	砂质粉土	锤击	3	43~47	高应变
Astedt(1992)	235~275 砼方桩	粉土,砂土	锤击	32	14~37	静载,CAPWAP
李雄 等(1992)	400×400 混凝土桩	软土	锤击	4	24,26,4.5,5.5	静载
Eriksson(1992)	270×270 方桩 $D=100$ 钢管桩	砂土,粉土	锤击	2	21~37	高应变
York 等(1994)	$D=355$ 管桩	中~密砂	锤击	15	10.7~21.6	静载,CAPWAP

续表

参考文献	桩型/mm	地质条件	沉桩方法	桩数	桩长/m	试验方法
Svinkin 等(1994)	457~915 砼方桩	粉砂	锤击	6	19.5~22.9	静载,WEAP
Chow 等(1998)	D=324 管桩	中密~密砂	锤击	2	11,22	静载,CAPWAP
Axelsson(1998,2000,2002)	235×235 砼方桩	松~中密砂	锤击	3	19	高应变
黄宏伟(2000)	250×250,200×200 混凝土方桩	黏土,粉土	锤击	2	18,16	静载
Attwooll 等(2001)	D=324 钢管桩	密砂	锤击	1	10.1	静载,CAPWAP
Tan 等(2004)	356 H 型桩 D=610 管桩	松中密砂	锤击	5	34~37	CAPWAP
Bullock 等(2005a,2005b)	457×457 预应力砼方桩	密砂	锤击	3	9~25	O-cell 载荷
潘赛军(2006)	D=500 PC 管桩	黏土	静压	3	40~50	静载
马海龙(2008)	D=60(80)钢管桩	粉质黏土	静压	36	3	静载
张明义等(2009)	D=400 PHC 管桩	软土	静压	3	25,26	隔时复压

王伟等(2003)从饱和软土中沉入预制桩单桩引起的三维超静孔隙水压力的消散和桩周土的固结出发,获得了考虑时间效应的单桩极限承载力的解析值。

王伟(2004)充分考虑了桩周土固结对桩承载力的影响,以桩长尺寸、地质条件、休止期作为参数,建立了考虑时间效应的预测单桩承载力的误差反馈型神经网络模型。

可以发现,国内外对于承载力时间效应的研究开展较早,内容涉及工程中常见的各种桩型,研究方法也是丰富多样。但是,对开口混凝土管桩开展系统性研究的文献却不多见,且往往忽略土塞效应的影响。

1.2.4　残余应力

Hunter & Davisson(1969)对残余应力进行了论证,强调称如要得到正确的荷载传递特征必需考虑打桩产生的残余应力,并提出了相应的程序用于解释残余应力对载荷试验的影响。此为关于残余应力的最早报道。

Gregersen 等(1973)通过松砂中预制混凝土桩的载荷试验发现打桩产生的残余应力是显著的,并揭示了残余应力的分布规律。

Cooke & Price(1973)对安装测试原件的摩擦型静压桩进行了试验,发现压桩力移除后桩保持压缩状态,残余应力存在于桩身各个深度处。

Vesic(1977)通过对比说明了施工残余应力对桩基承载力性能的巨大影响。研究发现如考虑残余应力的影响,沉降预测值将有所降低。

Holloway 等(1978)指出传统的载荷试验未考虑残余应力的影响,导致测试得到的桩侧摩阻力偏大而桩端阻力偏小,而对总承载力的影响可忽略不计。

Cooke(1979)进行了静压钢管桩和钻孔灌注桩的载荷试验,发现钻孔混凝土桩的残余应力是微乎其微的,而静压桩的残余应力主要源于端阻力和摩擦力的不同比值。

O'Neill(1982)报道了超固结黏土中一组 9 根锤击钢管桩的性状。作者发现,地面以下 3/2~3/4 桩长范围内残余剪应力是向下的,以下部分是向上的;此深度范围群桩略深于单桩。

Briaud & Tucker(1984)提出了一种考虑残余应力的桩基承载力和荷载传递的分析方法。此方法基于 33 组桩基试验的数据和一系列的理论推导,通过标准贯入试验的结果,建立了桩基摩阻力和端阻力的传递曲线。

Goble & Hery(1984)采用波动理论对锤击桩的残余应力进行研究。此方法通过不断累加一系列锤击产生的永久变形和残余应力,最终得到打桩后的应力和变形状态。

Rieke & Crowser(1987)通过砂土中 4 根 18 m 长 H 型钢桩的载荷试验,对

施工残余应力进行研究。

Poulos(1987)采用基于弹性连续体模型的边界元法对残余应力进行预测。同年,Leonards & Darrag(1987)撰文对此进行了讨论。

Darrag(1989)根据 CUWEAP 程序分析的结果,采用基于波动方程的动力分析法对锤击桩的残余应力进行研究,并给出了可直接用于估算残余应力的图表和公式。

Decourt(1991)建立的用以分离桩侧摩阻力和桩端阻力的方法中,也充分考虑了打桩或之前进行的载荷试验所产生的残余应力。

Randolph(1991)强调如要正确估计桩的承载力以及桩侧阻和端阻的分布,适当考虑残余应力是十分必要的,并以混凝土桩的实测数据为例进行了论述。

Danziger 等(1992)通过大量闭口管桩的回归分析结果,发现了明显的桩端残余应力的存在;且桩端阻力越大,桩端残余应力越显著。

Massad(1992)建立了数学模型来模拟试验观测到的桩承载力特征和桩端残余应力。作者认为残余应力对桩基沉降的影响是巨大的。

Altaee(1993)根据 11 m 长并安装测试原件的预制混凝土方桩的静载荷试验结果,分析了残余应力和承载力的分布,认为忽略残余应力是产生临界深度的主要原因。

Maiorano 等(1996)对比了不同地质条件不同沉桩方法下的桩身残余应力,发现对于黏土,桩基可打性与荷载施打点的位置密切相关。

1997 年,Robert 在对桩基设计方法进行讨论时也指出了残余应力所带来的影响,认为忽略残余应力将会高估桩侧阻力和低估桩端阻力。

Alawneh(2001)基于现场试验和模型试验的数据,建立了桩端残余应力的预测公式,发现桩端残余应力与桩身弹性、桩长、桩径、桩身截面积和土的参数密切相关。

Costa(2001)采用基于 DINEXP 应力波程序的动力分析方法展开研究。参数分析发现,桩端阻力占总承载力的比值对残余应力的影响是明显的。

Paik 等(2003)对比分析了开口和闭口管桩的贯入过程和承载力特征。研究发现,闭口桩的残余应力大于开口桩,开口管桩内外壁残余摩阻力的方向是相反的,分布特征明显区别于闭口桩。这是关于开口管桩残余应力的唯一实测报道。

张明义(2004)对持力层为砾砂的混凝土方桩的贯入全过程的压桩力及桩端、桩侧受力特征进行了观测。

Zhang & Wang(2007)对 H 型钢桩的残余应力进行了试验研究。研究发现,残余应力随沉桩深度大致呈指数型增长;残余应力对荷载传递的影响是显著的,对摩阻力的影响主要体现在浅层范围内。

张文超(2007)采用有限元法对静压桩的残余应力进行了数值模拟,分析结果表明,忽略残余应力的影响会导致量测的桩身极限承载力偏高,而桩端极限承载力偏低。

Zhang 等(2009)通过原型试验发现,静压 H 型钢桩的残余应力明显大于锤击桩;残余应力的存在增大了试验中桩侧阻力和桩顶刚度的实测值,降低了端阻的实测值。

俞峰等(2011b,2011d)通过现场足尺 H 型桩试验发现,循环加载量与循环次数的增加会引起残余应力的进一步累积;施工残余摩阻力的中性点深度随贯入桩长增加而下移,但两者之比值趋于定值;桩身残余应力在较长时间内会逐步消散至某一稳定值。

残余应力的研究现状表明,国内外对于残余应力的研究主要集中在钢管桩和 H 型钢桩,对于开口混凝土管桩残余应力的研究却鲜有报道。

1.3　课题的提出

预制桩的竖向承载力性状是一个传统的课题。但在以往国内外的研究中锤击沉入桩的研究占据了主要份额,研究现状综述部分充分说明了这点。这是因为静力压入技术虽在我国的应用已较为广泛,但在全球范围内尤其是欧美国家,仍属于一种较为新颖的施工工艺(张忠苗,2007a)。然而,不同的沉桩方式会产生不同的应力场和位移场,无论桩周土还是桩身均是如此。这些因素均将对后期桩承载力的发挥产生显著的影响。

开口管桩的承载力性状与闭口管桩或实体桩显著不同,源于沉桩过程中土塞的产生。国外对于土塞的研究主要是基于砂土中的钢管桩展开的,但是,混凝土管桩与钢管桩相比,无论是壁厚、尺寸还是内外壁特征均明显不同。国内针对土塞效应的研究为数不多,可用成果更是屈指可数。例如,我国《建筑桩基技术规范》(JGJ94—2008)中混凝土管桩承载力计算所采用的土塞效应系数就是基于日本一组钢管桩试验的结果提出的。这在一定程度上说明,目前我国对于开口混凝土管桩承载力性状的研究是远远不够的。

近年来,尽管静压管桩领域的研究已逐渐引起国内学者和工程界的重视,研究成果也有较大幅度的提高,但大多集中在某些单一方面,如管桩的挤土效应等。桩承载力的发挥并非单一因素所决定的,而是整个桩-土体系共同作用的结果。

开口管桩的贯入将引起桩-土体系的一系列反应,例如,地基土部分被排开同时部分挤入桩孔内,桩身发生压缩等。这些反应都会对后期桩土间的相互作用产生重要影响,因此也是我们研究开口混凝土管桩承载力性状的关键所在,此处将其统称为"施工效应",详述如下。

(1) 土塞效应。土塞是开口管桩区别于闭口桩和实体桩最基本的特征,制约着承载力的发挥。开口管桩的承载力由桩外侧摩阻力、土塞端阻和管壁端阻组成,土塞对前两部分产生直接的影响(Miller & Lutenegger,1997;De Nicola & Randolph,1997;Doherty 等,2010)。

(2) 挤土效应。挤土效应是挤土桩所展现的最直接的特征,是区别于灌注桩承载力性状的主要原因。挤土作用的直观表现为沉桩过程中桩周应力场和位移场的改变,桩周土体的扰动以及孔隙水压力的产生,以上因素均与桩承载力特征密切相关。挤土量直接影响桩侧径向应力,制约桩侧摩阻力的大小和承载力的发挥(Miller & Lutenegger,1997)。沉桩过程中桩侧摩阻力的疲劳退化也是挤土作用的结果,同样可列为挤土效应的范畴。

(3) 承载力时间效应。桩的承载力特征在沉桩完成后随时间发生变化,称为承载力时间效应,源于桩周土的固结、触变恢复以及老化等效应。多数情况下承载力在静置期随时间呈增长趋势,增长幅度与地质条件、桩身特征和沉桩方式密切相关(Chow 等,1998;Whittle & Sutabutr,1999;Axelsson,2000)。承载力时间效应制约着承载力特征在静置期的变化趋势,是静压开口混凝土管桩的重要特征。

(4) 残余应力。残余应力是指桩沉入至指定深度并卸除压桩荷载后,残留于桩身内的应力,源于桩周及桩端土对桩身的约束。忽略施工残余应力的影响,会高估桩侧承载力而低估桩端承载力,从而误估桩基承载力的性状(Zhang & Wang,2009)。残余应力是静压开口混凝土管桩不可忽视的特征。

以上施工效应各个方面之间并非是孤立的,它们相互影响,共同制约着桩承载力的发挥,如图 1.2 所示,详述如下。

① 土塞的高度和增长规律影响挤土量的大小,制约不同贯入度时位移场、应力场以及超孔隙水压力的分布,导致不同的侧阻疲劳退化规律,产生不同的挤土效应。

② 挤土产生的位移场和应力场对进一步贯入时土塞的增长规律及土塞的物理力学性质产生影响。

③ 土塞效应影响贯入过程中桩侧土的扰动程度及超孔隙水压力的分布,从而制约静置期内因桩侧土固结、触变恢复及老化等效应引起的桩承载力变化。

④ 土塞同样存在时间效应,静置后其物理力学性质发生变化。

⑤ 桩-土接触面性状在静置期的改变制约残余应力的长期变化趋势。

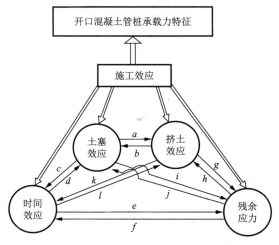

图 1.2　施工效应关系图

⑥ 残余应力的分布及在后期的衰减规律会影响桩侧及桩端阻力在静置期的变化,进而改变承载力时间效应规律。

⑦ 挤土效应制约桩侧及桩端阻力的分布和大小以及贯入过程中桩身的压缩,对残余应力的分布规律亦产生显著影响。

⑧ 残余应力源于桩身的压缩,在一定程度上会影响挤土量的大小,当桩身刚度较大时此影响可忽略。

⑨ 开口管桩土塞的存在会产生桩壁内外两侧截然不同的残余摩阻力分布,叠加后才为残余应力的真实情况。

⑩ 贯入过程中,不同的桩身压缩量会形成不同的土塞状态;桩身的回弹会改变土塞的物理力学性质及桩土界面的性状,当桩身刚度较大时此影响可忽略。

⑪ 贯入时产生的位移场、应力场以及超孔隙水压力的分布均会影响承载力在静置期的变化。

⑫ 承载力时间效应不仅取决于静置期,与贯入过程也密切相关,在一定程度上反映挤土效应的特征。

以上论述以及图 1.2 中各效应间蜘蛛网般的关系线,充分表明了静压开口混凝土管桩施工效应的复杂性,也进一步说明了要深入理解静压开口混凝土管桩承载力的性状,对施工效应的各个方面进行系统研究是必不可少的。

1.4　研究思路及方法

开口混凝土管桩的承载力性状是桩-土体系相互影响的结果,是施工效应各个方面耦合作用的展现。本书所研究的施工效应包括土塞效应、挤土效应、承载力时间效应和残余应力。本书通过现场足尺试验、室内物理力学试验,以及统计分析和建模解析计算等理论分析,系统研究施工效应各个方面的本质特征及其之间的相关关系,揭示施工效应对开口管桩破坏机理和受力特性的影响规律。以施工效应的作用机理为主线,理论研究与工程应用相结合。本书结构及研究思路如图1.3所示。

1.5 本书主要内容

(1)通过论述应用背景,对比国内外研究现状,论证对静压开口混凝土管桩施工效应进行系统研究的必要性,阐明本书的学术及工程应用价值。

(2)通过现场原型试验和室内物理力学试验,揭示土塞高度的增长规律及土塞的物理力学性质,建立桩端阻力与土塞效应的相关关系;基于土塞效应的作用机理,建立开口管桩荷载传递模型,并进行算例分析;通过原型试验揭示开口管桩的荷载传递规律,并与模拟计算结果进行对比;对比国内外设计方法,提出适合静压开口混凝土管桩的 CPT 设计方法,并通过试验进行验证。

(3)建立静压开口混凝土管桩挤土效应模拟解析计算模型,得到不同贯入深度时桩周土体的应力场和位移场;通过现场足尺桩试验,揭示沉桩引起的超孔隙水压力、径向总应力、有效应力、水平及竖向位移的分布及变化规律,并与模拟计算结果进行对比。基于工程实例探讨管桩挤土效应的防治措施。

(4)探讨承载力时间效应机理,提出静压开口混凝土管桩承载力增长理想理论模型;基于固结理论,建立承载力时效模拟解析计算模型,探讨承载力变化规律及土塞对其的影响模式;通过不同休止期的现场静载荷试验,揭示不同地质条件下开口管桩的承载力随时间的变化规律;建立近 2000 根静压开口混凝土管桩静载荷试验数据库,统计分析桩极限承载力与终压力的相关关系;探讨隔时复压试验的合理性,并利用此方法开展不同地质条件下承载力时间效应的研究,揭示承载力增长模式,并提出基于隔时复压试验的桩基优化设计方法。

(5)深入探讨残余应力的产生和作用机理;通过现场足尺桩试验,揭示残余应力在不同贯入深度处的分布模式;建立基于能量守恒原理的模拟解析计算模型,探讨地质条件、桩身尺寸和材料等因素对残余应力的影响规律,揭示不同沉桩方式下残余应力的分布模式。

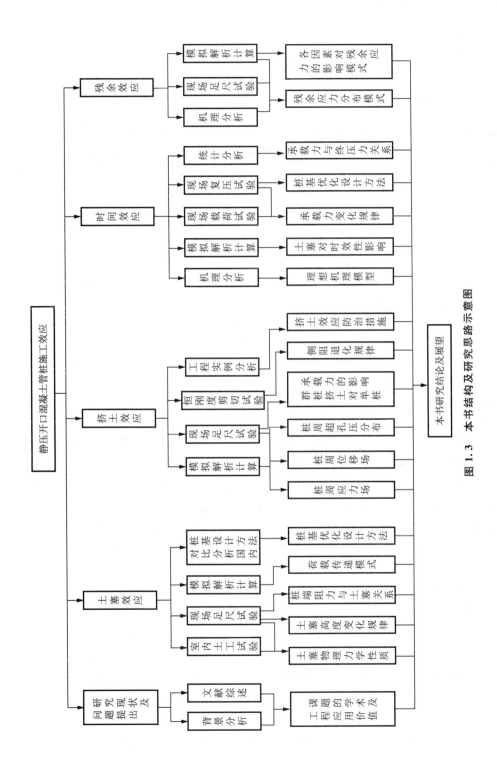

图 1.3　本书结构及研究思路示意图

第 2 章

开口管桩土塞效应试验及理论研究

2.1 引 言

开口管桩沉桩过程中,部分土体挤入桩管内形成的土柱称为"土塞"。土塞效应是开口管桩区别于闭口管桩或实体桩的主要体现,也是导致前后两者承载力性状差异的主要原因。土塞的性状不仅直接关系到桩端承载力或沉桩阻力的发挥,对桩侧摩阻力亦产生显著影响。土塞效应是静压开口管桩最为基本的施工效应。

开口管桩贯入过程中,可能出现完全非闭塞、部分闭塞或完全闭塞三种情况。对于完全非闭塞和部分闭塞的模式,沉桩阻力由外壁摩阻力 Q_{so}、内壁摩阻力 Q_{si} 和管壁端阻 Q_{ann} 组成(公式(2.1)),此时,内壁摩阻力与土塞端阻 Q_{plg} 相平衡。完全闭塞时,内壁摩阻力 Q_{si} 未完全发挥,沉桩阻力由外壁摩阻力 Q_{so}、管壁端阻 Q_{ann} 和土塞端阻组成(公式(2.2)),性质近似于闭口桩。出现何种土塞模式,取决于内壁摩阻力 Q_{si} 和端部土体对土塞作用力 Q_s 的大小关系,如前者大于后者出现闭塞,后者大于前者则导致开塞。

加载过程中,开口管桩的承载力同样可以根据土塞的情况分别采用公式(2.1)和(2.2)计算得出。当土塞长度不足,所产生的内壁摩阻力 Q_{si} 不能抵抗端部所受作用力 Q_s 时,土塞产生滑动,承载力受控于内壁摩阻力 Q_{si} 的大小,采用公式(2.1)表示。当土塞长度足够大,加载过程中桩端沉降未能使内壁摩阻力 Q_{si} 充分调动,承载力大小取决于土塞端阻 $Q_{plg}(=Q_s)$,采用公式(2.2)表示。

$$Q_{unplged} = Q_{so} + Q_{si} + Q_{ann} \tag{2.1}$$

$$Q_{plged} = Q_{so} + Q_{ann} + Q_{plg} - W_p \tag{2.2}$$

IFR 和土塞率(PLR)是被国内外认可的用以描述土塞高度的最为有效的参

数,其表达式分别如公式(2.3)和公式(2.4)所示。IFR 表示土塞高度的动态变化:当 IFR＝0 时说明此刻开口管桩处于完全闭塞的情况,而 IFR＝1 则表明完全非闭塞状态,多数情况下 IFR 处于 0～1 之间。PLR 则从总量的角度予以衡量土塞高度:PLR＝0 时表示沉桩后未形成土塞,PLR＝1 表示土塞高度等于沉桩深度,静压桩的贯入多数情况下处于以上两种状态之间。

$$IFR = \frac{dL}{dH} \times 100\% \tag{2.3}$$

$$PLR = \frac{L}{H} \tag{2.4}$$

其中,L 表示土塞高度,H 表示管桩的压桩深度。

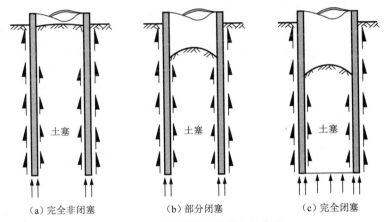

（a）完全非闭塞　　　　　（b）部分闭塞　　　　　（c）完全闭塞

图 2.1　开口管桩土塞状态示意图

2.2　土塞效应足尺试验研究

2.2.1　试验内容

（1）沉桩过程中土塞高度的变化规律研究。每一压桩行程(1.8 m)结束后,人工进行土塞高度的测量,从而建立 IFR 与沉桩深度的动态关系,进而分析研究地质情况、桩身尺寸等对土塞高度的影响。

（2）土塞的物理力学性质研究。将长 15 m、Φ500 mm 管桩压至 7.2 m 深度处(4 个压桩行程),利用静压桩机的抱压器及吊车相互配合将桩身向上拉出,放至地面后,采用薄壁取土器(Φ80 mm)沿中轴线将土塞依次取出。根据土塞的长度,选取不同深度处的土塞进行室内土工试验。现场将薄壁取土器取出后,观测土塞剩余部分的特征,用以描述土塞的分层情况。

接近桩端的位置,选取两个试样用以对比分析土塞抗剪强度的时间效应。第一个试样取出后随即进行固结快剪试验;第二个试样在固结之后静置 24 小时,而后进行剪切试验。对比两个试样的试验结果,确定抗剪强度的增长情况。

(3) 沉桩过程中桩端阻力与土塞效应的相关性研究。管壁端阻的测定,利用事先安置于桩端的土压力盒。振弦式土压力盒为厂家预制,其直径与管壁厚度相同;土压力盒的管线从焊接于桩身的钢管中引出,以防止沉桩过程中土体对管线的破坏,如图 2.2 所示。

图 2.2　桩端土压力盒安装

以上试验内容在试验一和试验二中完成。

(4) 静力触探探头阻力在原状土和土塞中的对比研究,此内容于现场试验三中完成。

2.2.2　试验一:粉土地基中土塞物理力学性质研究

2.2.2.1　试验概述

试验场地位于杭州市下沙,场地以砂质粉土和黏质粉土为主,详尽的地质描述和场地条件将在本书 3.3.1 中予以介绍。试验采用 PHC-500(110)型预应力混凝土管桩,桩身有效桩长 15 m,桩端送入地坪以下 22 m。

2.2.2.2　试验结果及分析

(1) 沉桩过程中土塞高度的变化。如图 2.3 所示,当填土中含混凝土板时,开口管桩很快形成闭塞状态,土塞高度不再增长,性质类似于闭口桩。对于填土中未含混凝土板而以碎石为主时,土塞高度变化情况如下:桩体位于浅层时,IFR 值是比较大的,说明此时土塞高度增长较快。但随着深度的增加,IFR 表现了明显减小的趋势,完全闭塞现象出现于约 12 m 深度处。对应勘查资料可以发现,此深度以下是较为软弱的土层。表明此处土层对土塞端部的作用力未能克服管桩内壁摩阻力而使土塞高度继续增长。同时可以发现,约在 5.5 m 深度处,IFR

值出现了局部的突然增长,归因于此深度处存在的坚硬夹层,在锥尖阻力 CPT-q_c 的变化曲线明显显示了此夹层的存在。以上现象说明,上硬下软的地质条件易造成闭塞现象,而上软下硬的土层分布则易造成土塞的滑动。White(2002)通过试验也发现,由软弱土层向坚硬土层的过渡会造成土塞高度的重新增长。

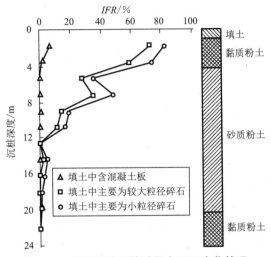

图 2.3　下沙场地沉桩过程中 IFR 变化情况

图 2.3 右侧两条 IFR 变化曲线说明,填土中碎石的大小也影响土塞高度的变化。碎石越大,IFR 相对越小,土塞高度则越小。压桩结束时 3 根桩的 PLR 值分别为 0.04、0.18 和 0.23。以上试验结果说明,即使相同的桩身尺寸、压桩方式和土层分布,土塞高度也会因填土性质的改变而发生明显的变化。对于软土或浅层土较差的地区,在静压桩施工前往往需要回填部分杂填土以避免发生陷机等事故,此时填土的性质将成为土塞高度变化的主要控制因素之一。

(2) 桩端阻力与土塞效应的相关性。

管壁端阻 q_{ann} 在沉桩过程中的变化情况如图 2.4 所示,对比静力触探锥尖阻力 q_c 的变化曲线可以发现,两者具有极为相似的变化趋势。同时可以观察到,锥尖阻力的变化曲线相比管壁端阻表现出更为明显的波动,这主要归因于两者之间巨大的尺寸差异。静力触探试验中的探头截面积为 15 cm²,远远小于桩身尺寸,对于土质的变化更为敏感(刘松玉和吴燕开,2004;张忠苗,2007b)。这也是多数 CPT 桩基承载力设计法采用桩端上下一定范围内的 q_c 均值作为设计依据的原因之一,如 2.5 节所述。

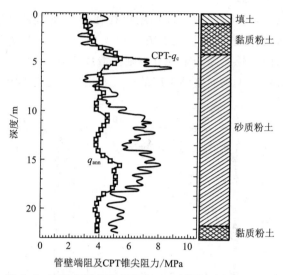

图 2.4　下沙场地管壁端阻与 CPT 锥尖阻力对比情况

　　管壁端阻与锥尖阻力之间的可比性,在图 2.5 中表现的更为直接,同时将 q_{ann}/q_c 随 IFR 的变化情况也归纳于图中。观察图 2.5 可以发现,虽然数据点具有一定的离散性,但基本上处于 $0.6\sim1.0$ 之间,拟合得到 q_{ann}/q_c 的平均值为 0.81。Lehane & Gavin(2001)以及 Doherty 等(2010)采用模型桩观测到 q_{ann}/q_c 值基本恒定在 1.0 左右,略大于本次试验拟合值 0.81。分析认为,土质条件的不同是造成此差异的主要原因。另外,桩身尺寸的影响也不容忽视,桩身尺寸越小,压桩过程中对土体的扰动越小,桩端的性质越接近于锥尖。Chow(1997)通过对比大量的试验结果也发现,闭口管桩的端阻与静力触探锥尖阻力 q_c 的比值随桩径呈对数型减小。

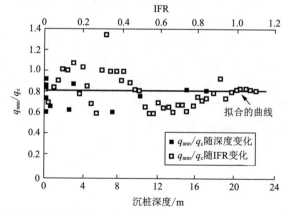

图 2.5　下沙场地 q_{ann}/q_c 随沉桩深度及 IFR 的变化情况

沉桩阻力由管壁端阻（Q_{ann}）、土塞端阻（Q_{plg}）和桩外侧摩阻力（Q_{so}）组成，本次试验只测得了沉桩过程中单位管壁端阻（q_{ann}）和沉桩阻力（Q_p，不考虑自重时即为压桩力），采用以下方法计算出土塞端阻和桩外侧摩阻力随深度的变化。Gavin & Lehane（2003）提出如下表达式用以计算单位土塞端阻（q_{plg}）：

$$q_{plg} = q_{plg,max}(1 - IFR) + IFRq_{plg,min} \qquad (2.5)$$

其中，$q_{plg,max}$ 和 $q_{plg,min}$ 分别为完全闭塞和完全非闭塞情况下的单位土塞端阻。当开口管桩完全闭塞时，其性质等同于闭口管桩，此时可认为 $q_{plg,max}$ 等值于 q_{ann}（$= 0.8q_c$），$q_{plg,min}$ 可取值为 $0.1q_c$ 作为单位土塞端阻的下限值（Lehane & Gavin，2001）。此时公式（2.5）可转化为以下形式：

$$q_{plg} = (0.8 - 0.7IFR)q_c \geqslant 0.1q_c \qquad (2.6)$$

将以上表达式与 Lehane & Gavin（2001）和 Doherty 等（2010）的试验观测值进行对比，如图 2.6 所示，可见是较为吻合的，说明以上表达式是合理的。根据以上表达式及沉桩过程中 IFR 值，可计算得出沉桩过程中每一时刻的单位土塞端阻。桩侧摩阻力（Q_{so}）即为沉桩阻力（Q_p）与端阻（包括管壁端阻 Q_{ann} 和土塞端阻 Q_{plg}）之差。至此，各部分的阻力均已得到，绘于图 2.7 中。可见，沉桩过程中沉桩阻力主要由桩端提供，这与已有研究成果相吻合（如 Yu，2004）。随着沉桩深度的增加，桩侧摩阻力并未随着桩土接触面积的增大而增长，说明单位摩阻力在不断减小，证明了侧阻疲劳退化现象的存在。

（3）土塞的室内土工试验。

管桩沉桩至 7.2 m 时的土塞高度为 4.1 m。根据现场观察以及物理指标分析的结果，土塞的剖面图及分层情况如图 2.8 所示。可见，土塞的分层与原状土

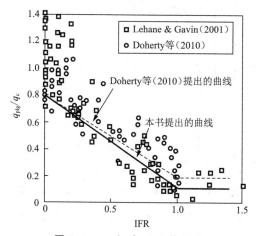

图 2.6　q_{plg}/q_c 与 IFR 的关系

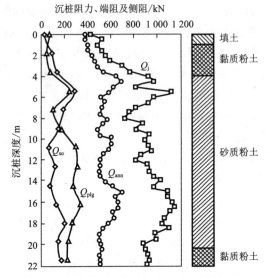

图 2.7　沉桩阻力、端阻和侧阻随深度的变化

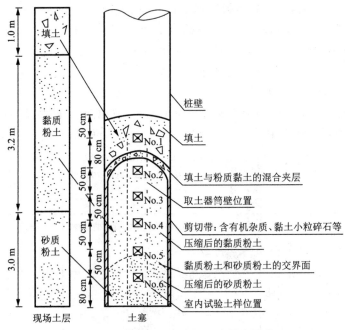

图 2.8　下沙试验土塞分层及试样位置情况

分布基本一致,区别在于填土层下部出现的混合夹层,说明土塞形成过程中部分细土颗粒挤入填土的孔隙中。在取土塞试样的过程中,根据外观特征可以明显地观察到夹层为上凸形。分析认为,此现象是因为桩壁内侧对涌入的土体所形

成的巨大摩阻力所致。根据土颗粒组成和土塞高度的变化,比照原状土的相关参数,下部土塞分层界面的性状也大致认定为向上凸出的曲面。分别选取不同位置的 7 组试样进行物理力学指标分析,其相对位置如图 2.8 所示。对于接近桩端的位置,采用两组试样用以对比分析剪切承载力的时间效应现象。室内试验结果如表 2.1 所示,可见,相比对应的土层,土塞的密实度有一定程度的提高,体现于孔隙比和含水量的减小以及摩擦角的增大。说明,在土塞形成过程中挤密效应是显著的,但不同位置处密实度提高的幅度是不同的。最上部的填土虽无法进行密实度的测定,但观察发现其相比原状填土更为松散。土体挤入管桩的过程中,扰动的影响造成了黏聚力一定程度的降低,具有结构性的淤泥质黏土的降低幅度明显大于其他土层。

表 2.1　下沙场地土塞样本与对应土层物理力学指标对比

编号	土样	含水量 $w/\%$	重度 $/(\text{kN} \cdot \text{m}^{-3})$	土粒比重 Gs	饱和度 $S_r/\%$	孔隙比 e_0	液限 $W_L/\%$	塑限 $W_P/\%$	黏聚力 c/kPa	摩擦角 $\varphi/(°)$
1	土塞试样 1	38.7	—	—	—	—	—	—	—	—
	原状填土	36.4	—	—	—	—	—	—	—	—
2	土塞试样 2	29.0	18.53	2.70	89	0.880	28.7	19.7	15.4	29.2
	土塞试样 3	28.8	18.75	2.70	91	0.864	29.3	20.2	14.6	28.9
	土塞试样 4	28.6	18.97	2.70	93	0.831	29.0	20.0	15.2	30.4
	土塞试样 5	28.7	18.96	2.70	93	0.833	29.0	20.4	15.7	29.8
	原状黏质粉土	29.1	18.50	2.70	88	0.882	29.2	20.0	16.0	29.5
3	土塞试样 6-1	26.4	19.14	2.70	91	0.783	—	—	10.7	31.8
	土塞试样 6-2*	26.4	19.14	2.70	91	0.783	—	—	12.0	34.4
	原状砂质粉土	26.9	18.81	2.70	88	0.820	—	—	12.2	30.2

(＊表示土塞试样固结后在法向应力作用下继续静置 24 小时,用以抗剪强度增长规律的观测)

图 2.9 为孔隙比、含水量和摩擦角相比原状土的变化幅度沿深度的分布。可见,参数的变化幅度沿高度逐渐减小,5 倍桩径处已微乎其微。桩端以上 1 倍桩径范围内虽未进行数据的对比,但已有研究成果(如 De Nicola & Randolph, 1997;Gavin,1998;Lehane & Gavin,2001)显示此范围内土塞的应力最为显著,因此可认为此范围内的挤密是最为明显的。据此,建立参数变化幅度沿深度的理想分布曲线:桩端 1 倍桩径范围内保持恒定,2 倍至 5 倍桩径范围内线性减小,此分布曲线与 De Nicola & Randolph(1997)提出的土塞侧向土压力折线分布模型是一致的。Brucy 等(1991)研究发现,当高度大于 5 倍桩径时,土塞多数情况下不会发生破坏,这个高度也被认为是砂土中钢管桩内侧摩阻力的主要分布区

域(De Nicola & Randolph,1997),此数值与本书的观测是一致的。

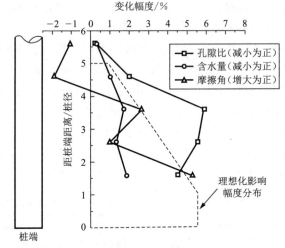

图 2.9 土塞参数相比原状土的变化

　　土塞试样 No.6-2 在法向应力作用下休止 24 小时后,其抗剪强度具有明显的提高。相比试样 No.6-1,黏聚力和摩擦角增幅分别达 12% 和 8%,提高后的黏聚力已接近原状砂质粉土的水平,而摩擦角则高出后者近 10%。Randolph 等(1991)关于土塞的一维平衡解答也说明固结后的土塞承载力相比未固结将有较大幅度的提高。

2.2.3　试验二:黏性土地基中土塞物理力学性质研究

2.2.3.1　试验概述

　　试验地点位于杭州市萧山区,场地以黏性土为主,土层分布及物理力学指标如表 2.2 所示。试验采用 PTC-500(65) 和 PTC-400(60) 两种型号的预应力混凝土开口管桩,桩长为 26 m,采用静压施工。

表 2.2　萧山试验场地工程地质概况

土层	土层厚度 /m	天然含水量 $w/\%$	重度 /(kN·m^{-3})	孔隙比 e_0	塑性指数 I_p	液性指数 I_L	内摩擦角 φ /(°)	内聚力 c/kPa	压缩模量 E_s /MPa
素填土	0.3	38.7							
粉质黏土	1.3	32.2	18.29	0.965	13.6	0.7	15.4	18.9	4.8
黏质粉土	1.2	32.4	18.47	0.943	9.8	0.6	26.1	10.7	9.0
淤泥质黏土	0.5	47.3	17.25	1.341	19.3	1.17	12.1	16.2	2.1

续表

土层	土层厚度/m	天然含水量 w/%	重度/(kN·m⁻³)	孔隙比 e_0	塑性指数 I_p	液性指数 I_L	内摩擦角 φ/(°)	内聚力 c/kPa	压缩模量 E_s/MPa
粉质黏土	0.7	32.0	18.48	0.937	9.8	0.59	27.4	10.3	8.6
淤泥质黏土	15.0	46.4	17.29	1.327	19.1	1.17	11.8	15.7	2.0
淤泥质粉质黏土	4.8	38.2	17.71	1.134	15.7	0.96	13.6	16.9	2.5
粉质黏土	0.9	30.5	18.51	0.918	13.4	0.61	15.9	21.8	5.4
强~中风化基岩									

2.2.3.2　试验结果及分析

（1）沉桩过程中土塞高度的变化。

如图 2.10 所示，PTC-500(65) 和 PTC-400(60) 两种型号的管桩其土塞的总体变化趋势是相似的。上部较硬的土层产生较大的 IFR 值，而随着桩体贯入至软土层，出现了明显的闭塞现象；当桩端达到深度约为 24 m 的粉质黏土层时，土塞高度又重新出现了增长的趋势。对比两种型号管桩的土塞发展趋势发现，在相同深度处，PTC-500(65) 管桩的 IFR 值明显大于 PTC-400(60) 管桩，说明此时前者形成的土塞高度大于后者。压桩结束时，两种管桩的平均土塞高度分别为3.45 m 和 2.23 m，前者为后者的 1.5 倍左右。可见，桩径与壁厚的比值是决定土塞高度的重要因素。Lehane & Gavin(2001) 通过模型试验也发现了相似的规律：管桩的径厚比越大，在相同地质条件下形成的土塞相对高度则越大。

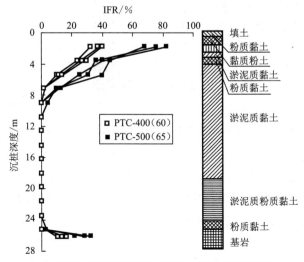

图 2.10　萧山场地沉桩过程中 IFR 变化情况

对比下沙试验结果发现,同为直径为 500 mm 的管桩,尽管下沙试验桩的壁厚明显大于萧山场地,但其土塞的平均高度却达到了后者的 1.3 倍。可见,在相对较硬的粉土中,更易形成较大的土塞高度。Paik 等(2003)和 De Nicola & Randolph(1997)试验发现砂土越密实土塞率 PLR 越大,与此处的结果似有一定的可比性,或说明粒状土存在如此性质。但并非越硬的土就一定会形成越大的土塞率,Paikowsky & Whitman(1990)试验发现软黏土中的土塞率相比硬黏土会更大。

(2)桩端阻力与土塞效应的相关性。

如图 2.11 所示,管壁端阻 q_{ann} 在沉桩过程中的变化曲线与静力触探锥尖阻力 q_c 的变化曲线较为相似,但后者的波动更明显。将 q_{ann}/q_c 随沉桩深度和 IFR 的变化情况归纳于图 2.12 中。可以发现,虽然数据点具有一定的离散性,但分布点基本上处于 0.5~0.7 之间,通过回归分析得出平均值为 0.59。说明,比值 q_{ann}/q_c 并不随 IFR 和沉桩深度的变化而改变,且在粉土中此比值高出黏土约37%。分析认为,此现象也许可归因为黏土具有更为明显的结构性,桩体贯入对土体产生的扰动程度明显大于粉土。

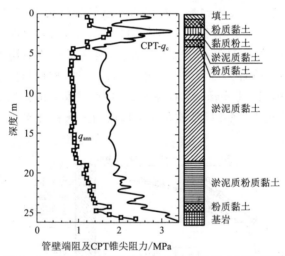

图 2.11　萧山场地管壁端阻与 CPT 锥尖阻力对比情况

(3)土塞的室内土工试验。

Φ500 mm 管桩沉桩至 7.2 m 时的土塞高度为 2.9 m,小于下沙试验的4.1 m。根据现场观察以及物理指标分析的结果,土塞的剖面图如图 2.13 所示。可见土塞的分层顺序与原状土基本一致,区别在于局部出现了一些混合夹层。试验中观察到填土与粉质黏土的交界面呈上凸形,因此假定下部土塞分层界面同样为上凸的曲面。管桩内壁粗糙不平,现场统计发现内壁的峰谷差一般处于

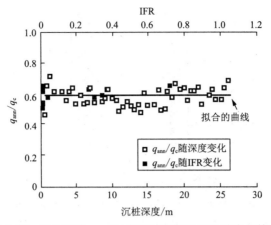

图 2.12　萧山场地 q_{ann}/q_c 随沉桩深度及 IFR 的变化情况

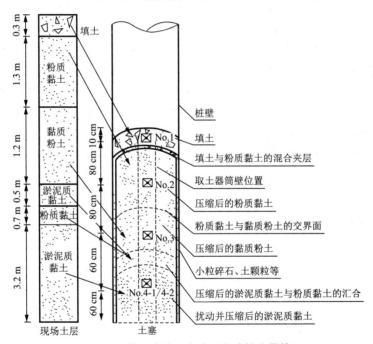

图 2.13　萧山试验土塞分层及试样位置情况

0.1～1.1 cm 范围内。试验中发现,虽土塞成多层性,但内壁凹谷中充满的主要是场地最上层的填土,由此可以推定剪切破坏面是发生于土塞体中,而非土塞与内壁的接触面上,如图 2.14 所示,这于国内外已有的土塞计算模型中认为滑移面发生于桩土界面的假定是不同的。

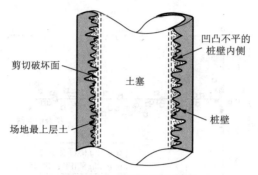

剪切破坏面

凹凸不平的
桩壁内侧

土塞

场地最上层土

桩壁

图 2.14 土塞破坏示意图

对于形成的土塞选取 5 组试样进行物理力学指标分析,其相对位置如图 2.13 所示,结果列于表 2.3 中。其中,4-1 试样是在法向应力作用下继续静置 24 小时后进行抗剪试验,用以对比分析剪切承载力的时间效应现象。可见,相比原状土,土塞的黏聚力有一定程度的降低,源于土体挤入桩孔内时被扰动;土塞的孔隙比减小,饱和度和摩擦角增加,说明土塞在形成过程中被挤密,但不同的位置其密实度提高的幅度不同,如图 2.15 所示。参数变化幅度沿深度的理想分布曲线也建立于图中,可见其与下沙试验建立的曲线有一定差异,主要体现于影响高度,本次试验约为 4 倍桩径,略小于下沙试验。本次试验较小的土塞高度或是产生此差异的主要原因。土塞试验中土塞试样在法向应力作用下休止 24 小时后,其抗剪强度具有明显的提高,黏聚力的增长幅度达到 17%,高于下沙试验。

表 2.3 萧山场地土塞样本与对应土层物理力学指标对比

编号	土塞试样及原状土	含水量 $w/\%$	重度 $/(\mathrm{kN \cdot m^{-3}})$	土粒比重 G_s	饱和度 $S_r/\%$	孔隙比 e_0	液限 $W_L/\%$	塑限 $W_P/\%$	黏聚力 c/kPa	摩擦角 $\varphi/(°)$
1	土塞试样 1	24.2	—	—	—	—	—	—	—	—
	原状填土	23.5	—	—	—	—	—	—	—	—
2	土塞试样 2	32.0	18.37	2.72	91.3	0.955	36.3	22.7	17.4	16.2
	原状粉质黏土	32.2	18.29	2.72	90.8	0.965	36.3	22.7	18.9	15.4
3	土塞试样 3	32.0	18.61	2.71	94.1	0.922	36.3	26.5	10.5	28.3
	原状黏质粉土	32.4	18.47	2.71	93.2	0.943	36.3	26.5	10.7	26.1
4	土塞试样 4-1	37.1	18.34	2.75	96.6	1.056	43.2	24.1	14.1	14.4
	土塞试样 4-2*	37.1	18.34	2.75	96.6	1.056	43.2	24.1	16.5	15.2
	原状淤泥质黏土	46.4	17.29	2.75	96.3	1.327	43.2	24.1	16.2	12.1

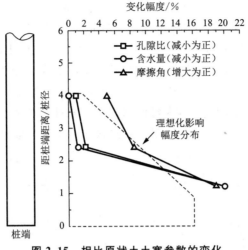

图 2.15　相比原状土土塞参数的变化

2.2.4　试验三:土塞静力触探试验

2.2.4.1　试验概述

试验地点位于浙江省富阳市,场地为黏性土和砂土的交互层,物理力学指标如表 2.4 所示。试验采用 PTC-400(75) 型预应力混凝土开口管桩,桩长为 13 m,静压施工。

表 2.4　富阳试验场地工程地质概况

土层	土层厚度 /m	天然含水量 $w/\%$	重度 /(kN·m⁻³)	孔隙比 e_0	塑性指数 I_p	液性指数 I_L	内摩擦角 φ /(°)	内聚力 c/kPa	压缩模量 E_s /MPa
填土	1.91								
粉质黏土	2.23	25.7	19.36	0.730	12.6	0.64	21.5	14.0	4.5
淤泥质黏土	1.95	44.8	17.07	1.280	17.2	1.46	8.0	15.8	2.0
砂质粉土	4.12	31.2	18.52	0.870	6.9		29.4	7.1	5.5
粉质黏土	8.73	23.4	19.77	0.670	12.8	0.58	22.8	28.5	7.5

2.2.4.2　试验结果及分析

沉桩 15 d 后在桩孔内进行静力触探,结果如图 2.16 所示,原状土的静力触探曲线也一并绘于图中进行比较。可见,沉桩后桩端处的锥尖阻力和探头侧阻相比沉桩前均有较大幅度的提高,提高幅度分别为 67% 和 96%。桩端平面以上,土塞工程性质发生明显提高的区域集中在桩端以上约 $1D(D:桩径)$ 范围,以上则呈现明显地降低,上部0.6 m范围内锥头仅凭触探杆的自重即可压入。本次试验中土塞工程性质改善的高度明显低于陆昭球等(1999)试验的结果10D,也低于本书前述试验一和试验二的4~5D。分析认为,以上现象归于三方面原因:① 桩长短,形成的土塞高度小;② 土塞的主要组成部分为杂填土,而杂填土在挤入桩孔内的过程中易受扰动而变得更加疏松;③ 在沉桩后静置的15 d内,试验地区出现持续的降水天气,大量的雨水流入桩孔内积聚,对上部土塞产生明显软化作用。因此,此处的试验结果不宜直接作为土塞有效高度的取值。

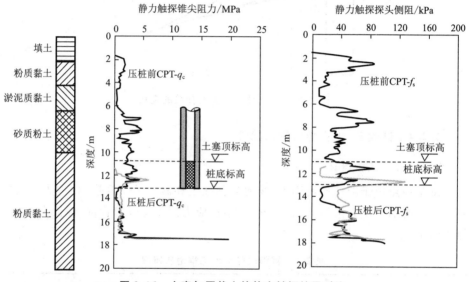

图2.16　土塞与原状土的静力触探结果对比

桩端平面以下,探头锥尖阻力和侧阻的影响区域则延伸至4~5D深度处,但探头侧阻的提高幅度明显大于锥尖阻力。压桩过程中,桩端下部土体工程性质的改变是挤密和扰动效应的耦合结果,根据以上试验的结果可认为,锥尖阻力与土体密实度、结构性以及黏聚力均密切相关,而探头侧阻主要受土体密实度影响。

2.3　开口管桩的荷载传递解析计算

目前,对于实体桩荷载传递的研究较为成熟,方法主要有:① 荷载传递法(Seed & Reese,1957;陈龙珠和梁国钱,1994);② 弹性理论法(Thurman & D'Appolonia,1965;吕凡任,2004);③ 剪切位移法(Cooke,1974;宰金珉和杨嵘昌,1993);④ 数值计算方法,主要包括有限元法(Trochanis等,1991)、有限条分法(Cheung等,1988)和边界元法(Butterfied & Banerjee,1971)等。相比而言,荷载传递法概念直观,机理明确,因而本节采用此方法进行开口管桩承载力性状的研究。

2.3.1　开口管桩承载力的发挥

开口管桩的承载力由桩外侧摩阻力、管壁端阻和土塞端阻组成,其发挥过程不同于闭口桩或实体桩。土塞端阻由管桩内侧摩阻力来平衡,因此,也可认为开口管桩的承载力包括内外侧摩阻力和管壁端阻。摩阻力主要源于桩土之间的相对位移,但内侧摩阻力和外侧摩阻力的发挥机理有所不同,外侧土体以剪切变形为主,而内侧土塞在加载过程中发生压缩。两者的发挥也并非同步,可将开口管桩的荷载发挥全过程分为以下两个阶段,如图 2.17 所示。

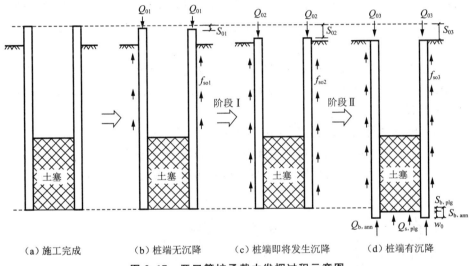

图 2.17　开口管桩承载力发挥过程示意图

(1)阶段 I :加载初期,桩壁外侧摩阻力随桩身的沉降自上而下逐渐发挥,桩身轴力沿深度递减,桩顶荷载全部由桩的外侧摩阻力承担。此时,土塞随桩壁同步沉降,两者无相对位移,内侧摩阻力并未产生,土塞的承载力未发挥。

(2)阶段 II :随着桩顶荷载的增加,荷载传递到桩壁端部并产生桩端沉降。由于桩刚度远大于土塞的刚度,桩壁下部土体的压缩量大于土塞下部土体的压缩量,导致部分土体压入桩内,土塞产生相对于桩壁的向上位移,内壁摩阻力由下而上逐渐发挥,土塞端阻逐渐调动。

阶段 I 和阶段 II 之间存在临界点,此时桩壁端部即将产生沉降,土塞即将产生相对于桩壁的相对位移,从此刻起,土塞的承载力开始展现。

通过以上分析可见,桩壁外侧和内侧摩阻力的发挥存在以下区别:外侧摩阻力先于内侧摩阻力产生;两者发挥方向相反,外侧摩阻力自上而下发挥,而内侧摩阻力自下而上发挥;如土塞足够长,充分发挥内侧摩阻力比充分发挥管壁端阻需要更大的沉降,且高度越大,充分发挥土塞侧阻力所需沉降越大。

2.3.2 计算模型

2.3.2.1 计算假设

土塞是影响开口管桩承载力发挥的主要因素,因此土塞与桩壁之间的相互作用将成为关键。加载过程中,土塞与桩壁并非协调工作,土塞发生压缩的同时伴随与桩壁的相对位移。因此,将桩壁与土塞独立地进行分析将会简化计算。此处,将开口管桩定义为"桩中桩"体系,即将桩壁定义为"外桩"(如图 2.18(b)),而将土塞定义为"内桩"(如图 2.18(c))。如此,即可利用荷载传递法分别对桩壁和土塞单独进行分析。但两者又是相互耦合的,共同制约管桩承载力的发挥,内桩(土塞)的外侧摩阻力即为外桩(桩壁)内侧的摩阻力。

在模拟计算中,假定桩壁端部处的荷载 $Q_{b,ann}$ 完全由桩外侧摩阻力承担;桩内侧摩阻力只是由土塞端部的荷载 $Q_{b,plg}$ 产生的,而与 $Q_{b,ann}$ 无关。同时,本节采用如下假设:

(1) 桩体材料在承载过程中始终保持线弹性状态;

(2) 不考虑桩侧摩阻力对桩端沉降的影响和负摩阻的情况;

(3) 桩侧每个土层为均质土体,荷载传递曲线斜率沿深度不变。

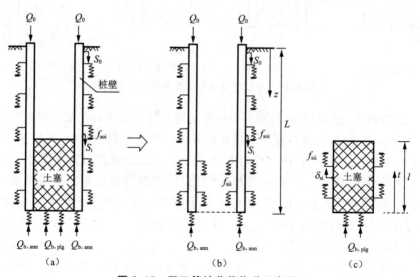

图 2.18 开口管桩荷载传递示意图

2.3.2.2　荷载传递基本方程

根据桩单元的受力分析,可得荷载传递的基本微分方程:

$$E_p A_p \frac{d^2 S(z)}{dz^2} - f_s(z)U = 0 \tag{2.7}$$

式中,E_p 为桩身弹性模量(Pa);A_p 为桩身截面积(m^2);$S(z)$ 为桩身与桩周介质的相对位移(m);$f_s(z)$ 为桩侧单位摩阻力(Pa);U 为桩身截面周长(m)。

桩身轴力 $P(z)$、桩侧单位摩阻力 $f_s(z)$ 以及桩与介质相对位移 $S(z)$ 的相互关系如下,其中 r_0 为桩半径。

$$\left. \begin{aligned} \frac{dS(z)}{dz} &= -\frac{P(z)}{E_p A_p} \\ \frac{dP(z)}{dz} &= -2\pi r_0 f_s(z) \end{aligned} \right\} \tag{2.8}$$

2.3.2.3　桩壁外侧荷载传递模型

桩壁与桩侧土的荷载传递采用三折线函数模型,如图 2.19 所示。荷载传递函数表达为:

$$f_{so} = \begin{cases} \lambda_1 S & (S \leqslant S_1) \\ \lambda_1 S_1 + \lambda_2(S - S_1) & (S_1 < S \leqslant S_2) \\ \lambda_1 S_1 + \lambda_2(S_u - S_1) = f_{sou} & (S > S_u) \end{cases} \tag{2.9}$$

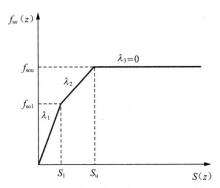

图 2.19　桩外侧荷载传递三折线模型

式中,f_{so} 为管桩外侧摩阻力(Pa);S 为桩壁与桩侧土之间的相对位移(m),当假定桩侧土不发生竖向移动时,此值即为桩身的沉降;λ_1 和 λ_2 分别为弹性阶段和塑性阶段的剪切刚度系数(Pa/m);S_1 为弹性阶段和塑性阶段的界限位移(m);S_u 为侧摩阻力达到最大时的极限位移(m)。可见,如确定荷载传递函数需知 λ_1、λ_2、S_1(或 f_{so1})和 S_2(或 f_{sou})4 个参数。

假定弹性阶段和塑性阶段的剪切刚度系数 λ_1 和 λ_2 只与桩和土的性质有关,

而与深度无关,因此认为此值在均质土中保持不变。令 $f_{so1}=\eta f_{sou}$(η 为比例系数),可得界限位移和极限位移:

$$S_1 = \frac{\eta k z}{\lambda_1} \tag{2.10}$$

$$S_u = \frac{\eta k z}{\lambda_1} + \frac{(1-\rho)k z}{\lambda_2} \tag{2.11}$$

λ_1、λ_2 和 η 的取值可通过实测数据反分析得出。λ_1 也可通过与剪切位移法 (Randolph & Wroth,1978)的推导过程类比,得出近似理论解答:

$$\lambda_1 = \frac{G_s}{\zeta r_0} \tag{2.12}$$

式中,$\zeta = \ln(r_m/r_0)$;$r_m = 2.5L(1-\upsilon_s)$;G_s 为桩侧土的剪切模量;r_0 为桩半径;υ_s 为桩侧土的泊松比;L 为桩长。

极限侧摩阻力 f_{sou} 沿深度近似呈线性增长(Randolph & Wroth,1978),可采用 β 法进行表示:

$$f_{sou} = K\sigma'_v \tan \delta = K\gamma' z \tan \delta = k z \tag{2.13}$$

式中,γ' 为桩侧土的有效重度(kN/m³);K 为桩侧土的侧向压力系数;δ 为桩壁与桩侧土的摩擦角(°),k 为摩阻力沿深度的强度系数(Pa/m),对于参数 K 和 δ 的取值,讨论如下。

(1) 桩土摩擦角 δ 的取值。

桩土摩擦角 δ 与桩的表面粗糙度以及土的性质有关。模型桩试验和土与试块剪切试验是对此进行研究的主要手段,部分成果总结于表 2.5 中。可见,Kulhawy(1984)的研究结果最为接近于混凝土管桩的情况,且建立 δ 与土内摩擦角 φ' 的关系可有效体现桩侧土的性质。本节取桩土摩擦角 $\delta = 0.9\varphi'$。

表 2.5 桩土摩擦角 δ 的取值

桩土摩擦角 δ	适用条件		参考文献
	桩	土	
$\delta = 25.5° \sim 31°$	混凝土桩	砂性土	Barmpopoulos 等(2008)
$\delta = (0.7 \sim 0.9)\varphi'$	H 型钢桩	颗粒状土	Yang 等(2006)
$\delta = 28° \sim 30°$	预制桩	砂性土	Jardine 等(2005)
$\delta = 21° \sim 32°$	混凝土桩	细颗粒土	刘学增等(2004)
$\delta = (1.08 \sim 1.52)\varphi$	表面粗糙的混凝土桩	黏土	卢廷浩等(2003)
$\delta = 29.4°$	钢管桩	密实砂	O'Neill & Raines(1991)
$\delta = (0.5 \sim 0.7)\varphi'$	表面光滑的钢桩	未区分	Kulhawy(1984)
$\delta = (0.8 \sim 1.0)\varphi'$	表面光滑的混凝土桩	未区分	Kulhawy(1984)

（2）水平压力系数 K 的取值。

水平压力系数 K 如何取值，在学术界有两种不同的观点，如表 2.6 所示。部分学者认为 K 与挤土桩的尺寸无关，可取固定的数值或静止土压力系数 K_0 的固定倍数。但多数学者则通过研究发现 K 的大小取决于挤土量，部分国家和地区的设计方法对此也有所体现。例如：我国 94 版《建筑桩基规范》(JGJ94—94) 中，就采用桩侧挤土效应系数 λ_s 反映挤土量对侧阻的影响；在香港地区，黏性土中开口管桩的桩侧承载力的取值，则是在闭口管桩的计算值基础上做 80% 的折减。施鸣升（1983）、俞峰和张忠苗（2011a）也建立了挤土密度与桩侧摩阻力之间的相互关系，如忽略摩擦角的变化，也可体现 K 值与挤土量的相关关系，如表 2.6 所示。

表 2.6　侧向土压力系数 K 的取值

侧向压力系数 K	适用条件	参考文献
$K = (1.2 \sim 1.5)K_0$	H 型钢桩	Yang 等(2006)
$K = (7.2 - 4.8 \text{PLR})K_0$	钢管模型桩	Paik & Salgado(2003)
$K = 1.0$	挤土桩	API(1993)
$K = K_0$	管桩，正常固结土	Miller & Lutenegger(1997)
$K = (1 \sim 4)K_0$	管桩，超固结土	Miller & Lutenegger(1997)
$K = 0.8$	部分挤土桩	API(1993)
$K/K_s = (0.72 - 10.2\rho) \leqslant 1.995$ $K_s: \rho = 0.025$ 时侧向压力系数	钢管桩，方桩	施鸣升(1983)
$K = 2 \sim 3$	钢桩	Canadian Foundation Engineering Manual(1992)
$K = (0.7 \sim 1.2)K_0$	小挤土量桩	Kulhawy(1984)
$K = (1.0 \sim 2.0)K_0$	大挤土量桩	Kulhawy(1984)
$K = 1.0$	挤土桩	Esrig & Kirby(1979)
$K = 1.0$	挤土桩	Burland(1973)
$K = (1 - 0.3\text{PLR})K_{\max}$ $K_s:$ 闭口桩侧向压力系数	混凝土管桩	俞峰和张忠苗(2011a)

施鸣升（1983）的研究成果说明，在一定范围内侧向土压力系数 K 随挤土密度 ρ 呈线性变化。土塞率 PLR 是开口管桩挤土量的直观表现，俞峰和张忠苗（2011a）以及 Paik & Salgado(2003) 均采用此指标为参数反映侧阻受挤土效应的影响程度，且发现 PLR 与侧阻（侧向土压力系数 K）之间基本呈现线性关系。对比表 2.6 中数据可见，正常固结土中 K 的最大值（也可认为是闭口桩或实体桩的

K 值)基本处于 $2K_0$ 左右。基于以上分析,可采用线性关系来表达侧向土压力系数 K 随 PLR 的变化:

$$K = (2.0 - 0.6\text{PLR})K_0 \qquad (2.14)$$

对于正常固结土,K_0 与土的内摩擦角 φ' 的相互关系如下:

$$K_0 = 1 - \sin \varphi' \qquad (2.15)$$

2.3.2.4 桩壁内侧荷载传递模型

桩壁内侧荷载的传递模式一直是困扰学者们的问题,对于混凝土管桩而言更是无实测资料可循。Randolph(1987)认为钢管桩内侧摩阻力充分发挥所需的相对位移会远远小于桩壁外侧,仅为桩径的 $0.2\% \sim 0.5\%$。基于此,Randolph(1991)在土塞承载力的理论推导中将此相对位移忽略,假定内侧摩阻力的发挥模式为刚塑性模型。如前所述,混凝土管壁的内侧粗糙度远大于钢管桩,土塞的应力会更为显著。因此,本章的模拟计算亦采用刚塑性模型,如图 2.20 所示。

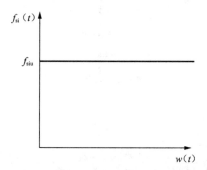

图 2.20 土塞与桩内壁荷载传递刚塑性模型

f_{siu} 为土塞不同深度 t 处的极限侧阻,计算表达式如下:

$$f_{siu} = \beta\sigma'_{vs} = K_s\sigma'_{vs}\tan \varphi \qquad (2.16)$$

其中,σ'_{vs} 为不同高度 t 处的竖向有效应力;φ 为土塞与桩内壁的摩擦角,如前述现场试验,管桩内侧的剪切破坏面发生于土塞内,因此如忽略土塞的挤密,此值可近似取为桩外侧对应土层的内摩擦角 φ;K_s 为土塞的侧向压力系数,如何取值,讨论如下。

模型试验(De Nicola & Randolph,1997;Lehane & Gavin,2001)的结果显示,由于"土拱效应"的存在,桩内侧的侧向压力系数会大于桩外侧,且在桩端附近 $1 \sim 2$ 桩径范围内达到最大值。刘国辉(2007)通过有限元分析也得到了相似的结果。De Nicola & Randolph(1997)基于试验的结果,建立了如图 2.21 中所示的 K_s 设计分布模型:桩端 $1D_i$(D_i 为桩内径)范围内为最大值 $K_{s\,max}$,以上 $4D_i$ 范围内线性减小至 $K_{s\,min}$。部分学者在研究中将 K_s 的分布假定为均匀分布,虽此举可简化计算,但 De Nicola & Randolph(1997)的模型更接近于 K_s 的真实分布形式。本模型也采用类似的表达,如式(2.17)所示。

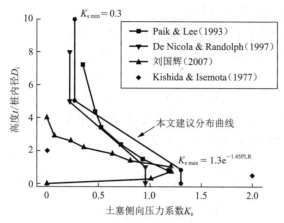

图 2.21　土塞侧向压力系数分布

$$K_s = \begin{cases} K_{s\,max} & (t \leqslant D_i) \\ K_{s\,max} - \dfrac{K_{s\,max} - K_{s\,min}}{4d}(t - D_i) & (D_i < t \leqslant 5D_i) \\ K_{s\,min} & (5D_i < t \leqslant h) \end{cases} \qquad (2.17)$$

其中,t 为离桩端的高度;h 为土塞的有效高度;$K_{s\,max}$ 和 $K_{s\,min}$ 分别为土塞有效高度内的最大和最小侧向压力系数。

陆昭球等(1999)通过对开口钢管桩内的土塞进行静力触探试验和标贯试验,发现桩端以上 10 倍直径范围内土塞的工程性质优于原状土。本书前述所进行的试验也说明,在土塞较短的情况下,除填土以外的土塞部分呈现明显的挤密,工程性质相比原状土也发生了提高。De Nicola & Randolph(1997)则认为静压沉桩对土塞的扰动较小,全长可作为有效段来处理,但源于对钢管桩的分析。由此,本模拟计算建议:当土塞实际高度 $l \geqslant 10D_i$ 时,有效高度 h 取值为 $10D_i$,当 $l < 10D_i$ 时,h 取为实际高度 l。

De Nicola & Randolph(1997)认为砂土中 $K_{s\,max}$ 可取值为土的相对密度 D_r;Lehane & Gavin(2001)研究表明 $K_{s\,max}$ 最大可达 1.3,而 $K_{s\,min}$ 可低至 0.3。后者也作为本文模拟计算 $K_{s\,min}$ 的取值,而 $K_{s\,max}$ 却并非为定值,不妨考虑沉桩过程中的两种极端情况:完全非闭塞模式,被国外学者形象地形容为"cookie cutter mode"(或可翻译为"切蛋糕模式"),说明此时土塞全长范围内侧向压力都是微乎其微的;完全闭塞模式,此时如要抵制桩端土的涌入,需很大的侧向压力来提供摩擦力用以平衡土塞端阻。可见,土塞 $K_{s\,max}$ 值与土塞率 PLR 密切相关。此处,参考俞峰和张忠苗(2011a)的研究成果,采用指数关系建立 $K_{s\,max}$ 的计算表达式:

$$K_{s\,max} = 1.3\exp(-1.45\text{PLR}) \tag{2.18}$$

2.3.2.5　桩端荷载传递模型

忽略沉桩所产生的桩端土性质的改变,桩壁端部和土塞端部的荷载传递可采用同一双折线模型,如图 2.22,表达式如下所示:

$$q_b = \begin{cases} k_1 S_b & (S_b \leqslant S_{bu}) \\ k_1 S_{bu} + k_2 (S_b - S_{bu}) & (S_b > S_{bu}) \end{cases} \tag{2.19}$$

式中,k_1 和 k_2 分别为弹性阶段和塑性阶段的法向刚度系数(Pa/m);S_b 为桩端位移(m);S_{bu} 为弹性阶段和塑性阶段的界限位移(m)。

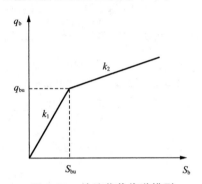

图 2.22　桩端荷载传递模型

k_1 可采用以下表达式计算得出(Randolph & Wroth,1978):

$$k_1 = \frac{4G_b}{\pi r_0 (1 - \upsilon_b)} \tag{2.20}$$

式中,G_b 和 υ_b 为桩端土的剪切模量和泊松比;r_0 为桩半径。

k_2 可采用单桩的荷载-沉降曲线反分析得出。在较大荷载下,荷载-沉降曲线一直保持为直线,表明桩周土的滑移区已经开展到整个桩身范围内,桩侧总摩阻力不再增长,此时,桩顶荷载增加量 ΔQ_0 完全由桩端阻力承担。桩端的沉降值为桩顶沉降 ΔS_0 扣除桩身压缩量 ΔS_p 后的结果。当桩身全部位于滑移阶段时,桩身压缩可采用以下表达式解答:

$$\Delta S_p = \frac{\Delta Q_0 L}{E_p A_p} \tag{2.21}$$

则 k_2 的计算表达式如下:

$$k_2 = \frac{\Delta Q_0}{\Delta S_0 - \Delta S_p} = \frac{k_t}{1 - \dfrac{L}{E_p A_p} k_t} \tag{2.22}$$

其中,$k_t = \Delta Q_0 / \Delta S_0$ 即为荷载-沉降曲线陡降段的斜率;E_p 和 A_p 分别为桩的弹性模量和截面积。

2.3.3　开口管桩荷载传递解析

2.3.3.1　桩外侧荷载传递解析

基于三折线荷载传递模型,桩土界面可分为 5 种状态:① 全长处于弹性阶段;② 部分弹性部分塑性;③ 弹性、塑性、滑移阶段同时存在;④ 部分塑性部分滑移;⑤ 全长位于滑移阶段。前 3 种状态如图 2.23 所示。

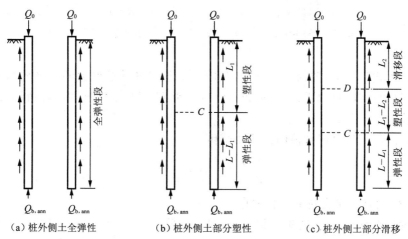

（a）桩外侧土全弹性　　　（b）桩外侧土部分塑性　　　（c）桩外侧土部分滑移

图 2.23　桩外侧土的计算模型

（1）桩外侧土全部处于弹性荷载传递阶段。

当单桩桩顶荷载较小,桩身沉降不大时,桩外侧土全长处于弹性状态。结合荷载传递模型（图 2.19）及基本传递函数（公式 2.9）,得荷载传递函数及边界条件如下所示:

$$\left.\begin{array}{l} E_p A_p \dfrac{\mathrm{d}^2 S(z)}{\mathrm{d}z^2} - \lambda_1 S(z) U = 0 \\[2mm] E_p A_p \dfrac{\mathrm{d}S(z)}{\mathrm{d}z}\bigg|_{z=L} = -P_{b,ann} \\[2mm] S(z)\big|_{z=L} = S_{b,ann} \end{array}\right\} \tag{2.23}$$

解以上方程可得:

$$S(z) = \frac{1}{2}\mathrm{e}^{-M_1(L-z)}\left(S_{b,ann} - \frac{P_{b,ann}}{M_1 E_p A_p}\right) + \frac{1}{2}\mathrm{e}^{M_1(L-z)}\left(S_{b,ann} + \frac{P_{b,ann}}{M_1 E_p A_p}\right) \tag{2.24}$$

$$P(z) = -E_p A_p M_1\left[\frac{1}{2}\mathrm{e}^{-M_1(L-z)}\left(S_{b,ann} - \frac{P_{b,ann}}{M_1 E_p A_p}\right) - \frac{1}{2}\mathrm{e}^{M_1(L-z)}\left(S_{b,ann} + \frac{P_{b,ann}}{M_1 E_p A_p}\right)\right] \tag{2.25}$$

其中,

$$M_1 = \sqrt{\frac{\lambda_1 U}{E_p A_p}} \tag{2.26}$$

将其表示为矩阵形式,如下:

$$\begin{Bmatrix} S \\ P \end{Bmatrix} = Te(z) \begin{Bmatrix} S_{b,ann} \\ P_{b,ann} \end{Bmatrix} \tag{2.27}$$

$$Te(z) = \begin{bmatrix} \cos h[M_1(L-z)] & \sin h[M_1(L-z)]/(E_p A_p M) \\ (E_p A_p M)\sin h[M_1(L-z)] & \cos h[M_1(L-z)] \end{bmatrix} \tag{2.28}$$

由上式可见,如桩端的荷载及沉降已知,桩身各处的轴力和沉降就可确定。其中,桩端荷载与桩端沉降关系如式(2.19)所示,通过给定桩端沉降值即可得到桩端荷载。

由式(2.27)可得桩顶的荷载和位移:

$$\begin{Bmatrix} S_0 \\ P_0 \end{Bmatrix} = Te(0) \begin{Bmatrix} S_{b,ann} \\ P_{b,ann} \end{Bmatrix} \tag{2.29}$$

(2) 桩侧土部分进入塑性阶段。

桩顶继续加载,沉降继续增大,当桩顶沉降 $S_0 > S_1(0)$ 时,桩侧土由上至下陆续进入塑性阶段。设截面 C 处的荷载和沉降为 P_c 和 S_c,则塑性段桩体的荷载传递微分方程和边界条件为:

$$\left. \begin{aligned} E_p A_p \frac{\mathrm{d}^2 S(z)}{\mathrm{d}z^2} - [\lambda_1 S_1 + \lambda_2(S-S_1)]U &= 0 \\ E_p A_p \frac{\mathrm{d}S(z)}{\mathrm{d}z}\bigg|_{z=L_1} &= -P_c \\ S(z)|_{z=L_1} &= S_c \end{aligned} \right\} \tag{2.30}$$

解以上方程可得:

$$\begin{Bmatrix} S \\ P \end{Bmatrix} = Tp(z) \begin{Bmatrix} S_c \\ P_c \end{Bmatrix} - Ta(z) \tag{2.31}$$

其中,

$$Tp(z) = \begin{bmatrix} \cos h[M_2(L_1-z)] & \sin h[M_2(L-z)]/(E_p A_p M_2) \\ (E_p A_p M_2)\sin h[M_2(L_1-z)] & \cos h[M_2(L_1-z)] \end{bmatrix} \tag{2.32}$$

$$Ta(z) = \frac{\lambda_2 - \lambda_1}{\lambda_1 \lambda_2} \begin{bmatrix} k\{\sin h[M_2(L_1-z)]/M_2 + z - L_1 \cos h[M_2(L_1-z)\} \\ kE_p A_p\{\cos h[M_2(L_1-z)] - L_1 M_2 \sin h[M_2(L_1-z)-1]\} \end{bmatrix} \tag{2.33}$$

$$M_2 = \sqrt{\frac{\lambda_2 U}{E_p A_p}} \tag{2.34}$$

其中，S_c 和 P_c 为弹塑性区段交界面处的沉降和荷载，可采用公式（2.27）计算得出：

$$\begin{Bmatrix} S_c \\ P_c \end{Bmatrix} = Te(L_1) \begin{Bmatrix} S_{b,ann} \\ P_{b,ann} \end{Bmatrix} \tag{2.35}$$

联立式（2.31）和式（2.35）可得桩顶的荷载和位移：

$$\begin{Bmatrix} S_0 \\ P_0 \end{Bmatrix} = Tpe \begin{Bmatrix} S_{b,ann} \\ P_{b,ann} \end{Bmatrix} + Ta(0) \tag{2.36}$$

其中，$Tpe = Tp(0) \cdot Te(L_1)$。

令 $S_c = S_1(L_1)$，就可确定塑性段的深度 L_1。而当 L_1 发展至 L 时全桩长进入塑性阶段。

（3）桩侧土部分进入滑移阶段。

当桩顶沉降 $S_0 > S_u(0)$ 时，桩侧土开始由上至下进入滑移阶段。滑移段的平衡微分方程为：

$$\left. \begin{aligned} E_p A_p \frac{d^2 S(z)}{dz^2} - f_{sou} U &= 0 \\ E_p A_p \frac{dS(z)}{dz} \bigg|_{z=L_2} &= -P_D \\ S(z) \big|_{z=L_2} &= S_D \end{aligned} \right\} \tag{2.37}$$

解以上方程可得：

$$\begin{Bmatrix} S \\ P \end{Bmatrix} = Tc(z) \begin{Bmatrix} S_D \\ P_D \end{Bmatrix} + Tca(z) \tag{2.38}$$

其中，

$$Tc(z) = \begin{bmatrix} 1 & (L_2 - z)/(E_p A_p) \\ 0 & 1 \end{bmatrix} \tag{2.39}$$

$$Ta(z) = \frac{U_p}{E_p A_p} \begin{bmatrix} k(z^3 - 3l_2^2 z + 2l_2^3)/6 \\ kE_p A_p(l_2^2 - z^2)/2 \end{bmatrix} \tag{2.40}$$

由表达式（2.31）可得 D 截面的沉降和轴力：

$$\begin{Bmatrix} S_D \\ P_D \end{Bmatrix} = Tp(L_2) \begin{Bmatrix} S_c \\ P_c \end{Bmatrix} - Ta(L_2) \tag{2.41}$$

联立表达式（2.35）、表达式（2.38）和表达式（2.41）可得桩顶处的荷载和位移：

$$\begin{Bmatrix} S_0 \\ P_0 \end{Bmatrix} = Tr \begin{Bmatrix} S_{b,ann} \\ P_{b,ann} \end{Bmatrix} + Tra \tag{2.42}$$

其中，$Tr = Ts(0) \cdot Tp(L_1)$；$Tra = Ts(0) \cdot Ta(L_2) + Tsa(0)$。

2.3.3.2　土塞内侧荷载传递解析

加载过程中，土塞中的水逐渐排出，土塞的弹性模量 E_s 随之发生变化，变化规律难以确定。如此，荷载传递基本方程将难以适用。同时，桩内侧与土塞之间荷载的传递符合刚塑性模型，即内侧阻力的发挥不受相对位移的影响。因此，可暂且不考虑土塞的压缩和相对位移，仅从土塞受力平衡的角度进行分析。

在本节的推导中，有 3 个关于土塞的概念需加以区分：① 土塞高度 l，即涌入桩内土体的实际高度；② 有效高度 h，土塞可以发挥摩阻力的最大高度，在本书中认定为 10 倍内径；③ 发挥高度 h_f，为开口管桩实际受力状态下土塞侧阻得以发挥的高度。三者的关系是：$l \geqslant h \geqslant h_f$。

土塞的受力状态如图 2.24(a)所示，将有效高度 h 以上土塞部分作为超载对待。土塞单元的受力状态如图 2.24(b)所示，坐标 t 如图所示，可得到基于有效应力的平衡方程的基本表达式：

$$\frac{\mathrm{d}\sigma'_{vs}}{\mathrm{d}t} = -\gamma' - \frac{4}{D_i}f_{sii} = -\gamma'_s - \frac{4}{D_i}\beta\sigma'_{vs} \tag{2.43}$$

其中，D_i 为桩内径；β 可由公式(2.16)和公式(2.17)表示，由于土塞侧向压力系数分布采用三折线模型，如图 2.24(c)，因此，土塞平衡方程的解答也分为三段：

(1) $0 \leqslant t < D_i$。

此时的土塞平衡方程为：

$$\frac{\mathrm{d}\sigma'_{vs}}{\mathrm{d}x} + \frac{4K_{max}\tan\varphi}{D_i}\sigma'_{vs} = -\gamma'_s \tag{2.44}$$

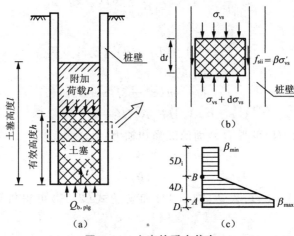

图 2.24　土塞的受力状态

考虑边界条件 $x=0$，$\sigma'_{vs}=q_{b,plg}$，并令 $N_1=4K_{max}\tan\varphi/D_i$，可得不同高度处的土塞竖向有效应力表达：

$$\sigma'_{vs}=q_{b,plg}+(e^{-N_1 x}-1)\left(q_{b,plg}+\frac{\gamma'}{N_1}\right) \qquad (2.45)$$

其中，$q_{b,plg}$ 为土塞端部的竖向应力，计算方法随后讨论。

（2）$D_i\leqslant t<5D_i$。

土塞平衡方程为：

$$\frac{d\sigma'_{vs}}{dx}+\left[\frac{(5K_{s\,max}-0.3)\tan\varphi}{D_i}-\frac{(K_{s\,max}-0.3)\tan\varphi}{D_i^2}t\right]\sigma'_{vs}=-\gamma'_s \quad (2.46)$$

以上方程并无初等函数解，此时令 $T(x)=\int e^{N_2 t-\frac{1}{2}N_3 t^2}dt$，$N_2=(5K_{s\,max}-0.3)\tan\varphi/D_i$，$N_2=(K_{max}-0.3)\tan\varphi/D_i^2$，并考虑边界条件：$t=D_i$，$\sigma'_v=\sigma'_{vsA}$，其中 σ'_{vsA} 可通过将 $t=D_i$ 代入公式（2.45）计算得出。则土塞竖向有效应力可表达为：

$$\sigma'_{vs}=\sigma'_{vsA}e^{-N_2(t-D_i)+\frac{1}{2}N_3(t^2-D_i^2)}-e^{-N_2 t+\frac{1}{2}N_3 t^2}\gamma'\left[T(t)-T(d)\right] \qquad (2.47)$$

其中，

$$T(t)=\sqrt{\frac{\pi}{2N_3}}e^{\left(\frac{N_2^2}{2N_3}\right)}\operatorname{erf}\left[\frac{\sqrt{2N_3}}{2}t-\frac{N_2}{\sqrt{2N_3}}\right] \qquad (2.48)$$

式中，erf 表示高斯误差函数。

（3）$5D_i\leqslant t<10D_i$。

土塞平衡方程为：

$$\frac{d\sigma'_{vs}}{dx}+\frac{1.2\tan\varphi}{D_i}\sigma'_{vs}=-\gamma'_s \qquad (2.49)$$

令 $N_4=1.2\tan\varphi/d$，并考虑边界条件 $x=5D_i$，$\sigma'_{vs}=\sigma'_{vsB}$，其中 σ'_{vsB} 可通过将 $t=5D_i$ 代入公式（2.47）求得，则此段土塞竖向有效应力表达为：

$$\sigma'_{vs}=\sigma'_{vB}+(e^{-N_4 t}-1)\left(\sigma'_{vB}+\frac{\gamma'}{N_4}\right) \qquad (2.50)$$

发挥高度以上土塞部分均可看作超载，根据以下等式解得的 t 即为土塞的发挥高度 h_f：

$$\sigma'_{vs}=\gamma'(l-t) \qquad (2.51)$$

土塞端部的竖向应力 $q_{s,plg}$ 取决于土塞端部以下土体的沉降 $S_{b,plg}$，但 $S_{b,plg}$ 并不等同于桩壁端部的沉降 $S_{b,ann}$。因为，要触发桩内侧的摩阻力，土塞与内壁间必须要发生相对位移，这就意味着部分土体要挤入桩内，因此 $S_{b,plg}$ 势必要小于 $S_{b,ann}$。确定 $S_{b,plg}$ 时，可将桩的加载受力过程看作沉桩结束瞬间的延续，由此，可根据沉桩结束时的土塞增长率 FFR 值计算得出不同沉降量 $S_{b,ann}$ 下的土塞端部

相对位移 w_0 和土塞端部以下土体的沉降 $S_{b,plg}$：

$$S_{b,plg} = (1 - FFR)S_{b,ann} \tag{2.52}$$

$$w_0 = FFR \cdot S_{b,plg} \tag{2.53}$$

土塞端部荷载的传递同样采用双折线模型，将公式(2.52)代入公式(2.19)可确定土塞竖向有效应力，并根据公式(2.16)得到桩内侧摩阻力的分布，此时，可采用公式(2.54)和公式(2.55)计算得出由桩内侧摩阻力所产生的桩身轴力和桩身压缩量：

$$Q_s(t) = \pi D_i \int_0^q f_{siu} dt \tag{2.54}$$

$$S_v(t) = \frac{1}{E_p A_p} \int_0^t Q_s dt \tag{2.55}$$

2.3.4 计算步骤

(1) 假定一个较小的桩壁端部位移 $S_{b,ann1}$，根据公式(2.19)确定管壁端阻 $P_{b,ann1}$。

(2) 根据假定的桩壁端部位移 $S_{b,ann1}$，和压桩结束瞬间土塞增长率 FFR，采用公式(2.52)和公式(2.19)确定土塞端部以下土体的沉降 $S_{b,plg1}$ 和土塞端部的竖向应力 $q_{b,plg1}$，并根据公式(2.51)计算得出土塞的发挥高度 h_f。

(3) 由公式(2.45)、公式(2.47)和公式(2.50)计算得出发挥高度 h_f 内不同高度处土塞的竖向有效应力 σ'_{vs}，进而，根据公式(2.16)确定桩内侧摩阻力 f_{siu}，并根据公式(2.54)和公式(2.55)得出由此产生的桩身轴力和压缩。

(4) 根据公式(2.27)、公式(2.31)和公式(2.38)计算得出桩壁端部位移 $S_{b,ann1}$ 所对应的桩外侧摩阻力产生的桩身轴力和桩身位移。

(5) 将以上两部分进行叠加，即得到桩内外两侧摩阻力共同作用下开口管桩的桩身轴力和沉降分布，以及桩顶的荷载和沉降。

(6) 将桩壁端部位移 $S_{b,ann}$ 逐渐增大，得出桩顶荷载-沉降曲线和桩身应力分布。

在进行成层土的分析时，可根据地基的分层将桩体划分一系列的计算桩段。如前述现场试验结果可知，土塞的分层与层状地基存在对应关系，可根据桩体贯入过程中 IFR 的变化确定土塞每个分层的厚度，进而将土塞划分为一系列的计算土塞段，如图 2.25 所示。每个计算桩段和土塞段均按照均质土的计算步骤进行分析，下部计算段的段顶位移和应力即为紧邻上部计算段的段底位移和应力，由此，可得全桩长范围内桩身轴力的分布和荷载-沉降曲线。

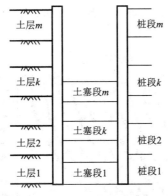

图 2.25　算例模型示意图

2.3.5　算例分析

设定一算例来对比分析开口混凝土管桩的荷载传递性状,如图 2.26 所示。算例采用 PHC-600(100)型预应力混凝土管桩,桩身弹性模量 E_p 为 3.8×10^4 MPa。桩周及桩端为同一均质土,桩端未设持力层。根据章节 2.5 介绍的土塞率估算公式(2.83),土塞率取为 0.3,即土塞长度为 6.0 m。每级桩顶加载量为 200 kN,其他参数如图 2.26 所示。

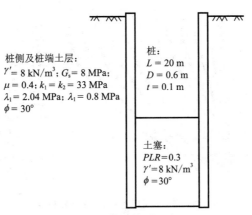

桩侧及桩端土层:
$\gamma' = 8 \text{ kN/m}^3$; $G_s = 8 \text{ MPa}$;
$\mu = 0.4$; $k_1 = k_2 = 33 \text{ MPa}$
$\lambda_1 = 2.04 \text{ MPa}$; $\lambda_1 = 0.8 \text{ MPa}$
$\phi = 30°$

桩:
$L = 20 \text{ m}$
$D = 0.6 \text{ m}$
$t = 0.1 \text{ m}$

土塞:
$PLR = 0.3$
$\gamma' = 8 \text{ kN/m}^3$
$\phi = 30°$

图 2.26　算例模型示意图

图 2.27 为开口管桩在每级荷载下的桩身轴力分布。可见,初始阶段,桩端承载力并未调动,呈纯摩擦桩特征。随着荷载的增加,桩端荷载逐渐发挥,管桩的承载力特征过渡为端承摩擦桩。同时发现,初始阶段轴力的分布基本随深度呈线性分布,而后逐渐发展为曲线,且曲线的斜率下部大于上部。说明,桩身下部的摩擦力大于上部,这与本节模拟中桩侧极限摩阻力采用 β 法有关。桩端附

近曲线斜率出现突变,荷载越大越为明显。说明此段桩身轴力突然降低,源于土塞摩擦力的贡献。

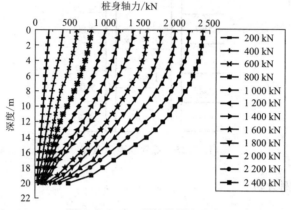

图 2.27　开口管桩的轴力分布

　　图 2.28 为相同地质条件和桩身尺寸的闭口管桩的桩身轴力分布,与开口管桩的区别在于,轴力分布曲线的斜率较开口管桩更大,说明前者的桩侧摩擦力大于后者;且曲线平缓,桩端下部未出现转折点。

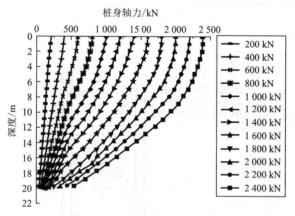

图 2.28　闭口管桩的轴力分布

　　图 2.29 为每级荷载下桩壁内侧摩阻力的分布。摩阻力分布曲线随深度呈指数型变化,离桩端越近摩阻力越大。当荷载较小时,土塞所提供的摩阻力微乎其微。随着荷载的增大,摩阻力逐渐调动,发挥高度也逐渐增大。荷载为 2 400 kN 时的桩端内侧摩阻力约为 500 kPa,而同深度处的外侧摩阻力仅为 84 kPa,前者约为后者的 6 倍。此时的土塞阻力发挥高度为 $2.03D_i$(D_i:桩内径),可见土塞的应力主要集中于桩端附近。当加载量为极限承载力值 2 150 kN 时,桩端处

的内侧摩阻力为 283 kN,为外侧摩阻力的 3.4 倍,土塞的发挥高度为 $1.78D_i$。以上分析说明,当荷载加载至极限承载力时,发挥摩阻力的土塞仅局限于桩端以上约 2 倍桩内径的范围,土塞的承载力远未充分发挥,土塞端阻取决于土塞下部土体承载力的发挥,这与 Kishida & Isemoto(1977)的研究结果一致。

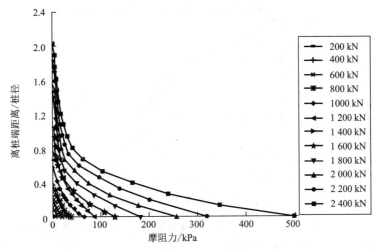

图 2.29　每级荷载下桩壁内侧摩阻力的分布

图 2.30 为两种类型管桩的桩端阻力与桩顶荷载的比值(端阻比)随荷载增加而发生的变化。可见,在荷载小于 1 700 kN 时端阻力基本保持稳定,当荷载大于 1 700 kN 后,端阻所占比例逐渐增大。加载至 2 400 kN 时,开口管桩和闭口管桩的总桩端阻力占桩顶荷载的比例分别为 26.2% 和 22.6%。这表明开口管桩的端阻主要由管壁承担。

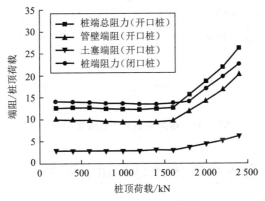

图 2.30　端阻比随桩顶荷载的变化

开口管桩和闭口管桩的桩顶荷载-沉降曲线如图 2.31 所示。两条曲线在加载初始阶段基本吻合,当荷载大于 1 700 kN 时,两者开始逐渐分离。加载后期闭口管桩的沉降小于开口管桩,且荷载越大区别越为明显。如忽略加载等级的设置,闭口管桩和开口管桩在沉降为 40 mm 的荷载分别为 2 331 kN 和 2 150 kN,前者大于后者约 8%。

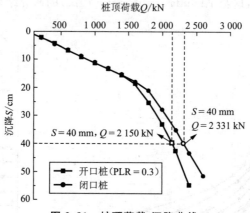

图 2.31　桩顶荷载-沉降曲线

图 2.32 为不同土塞率 PLR 下管桩的极限承载力(对应桩顶沉降 40 mm),随着 PLR 的增大承载力呈线性减小。当 PLR = 1,即管桩沉桩过程呈完全非闭塞时,承载力仅为 1 728 kN,为闭口情况下承载力的 74%。这说明,土塞率对开口管桩承载力的影响是显著的。

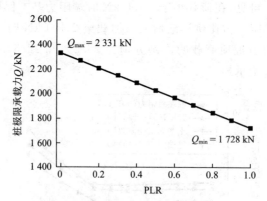

图 2.32　极限承载力随土塞率的变化

2.4　开口管桩荷载传递足尺试验研究

2.4.1　试验概况

试验地点位于浙江省湖州市,临近太湖。试验采用两根 PHC-600(100)型预应力混凝土空心开口管桩,桩身混凝土强度为 C80,桩长分别为 39 m 和 35 m,分别命名为试验桩 PJ-1 和 PJ-2,ZYC900 型桩机静压施工。

桩身范围内的土层分布如图 2.33 所示,为黏土与粉质黏土的交互层。地面以下 2.8 m 范围内为有机填土;2.8～7.0 m 深度范围内为黏土;7.0～17.3 m 为粉质黏土;17.3～19.0 m 为黏土;19.0～30.2 m 为粉质黏土;30.2～33.85 m 为黏土;33.85～39.0 m 为粉质黏土。

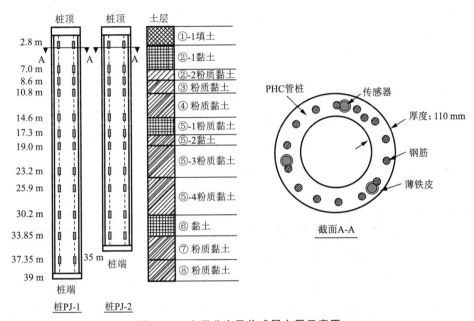

图 2.33　土层分布及传感器布置示意图

试验桩 PJ-1 和 PJ-2 分别选取粉质黏土层⑦和⑧作为桩端持力层,入持力层深度分别为 1.65 m 和 1.15 m。根据建筑桩基技术规范(JGJ94—2008),试验桩 PJ-1 和 PJ-2 的桩端土塞效应系数(λ_p)分别为 0.44 和 0.37,由此可得极限承载力标准值(Q_{uk})分别为 4 968 kN 和 4 491 kN,承载力特征值(R_a)分别为 2 484 kN 和 2 246 kN。压桩结束时,PJ-1 和 PJ-2 的终压力 P_J 分别为 3 450 kN 和 3 100 kN,约为承载力特征值的 1.4 倍。

在试验桩内预埋钢筋应力计用于桩身应力的测量,位置选在每个土层的分界面处,由此试验桩 PJ-1 和 PJ-2 分别布置 12 个和 11 个的断面,每个断面均匀埋设 3 个钢筋应力计,如图 2.33 所示。静载荷试验在桩基施工完成 15 天后进行,采用慢速维持加载法,堆重平台反力装置。为有效进行对比,两根试验桩采用相同的加载等级,每级荷载为 621 kN。

表 2.7　试验场地各土层物理力学参数

编号	名称	深度/m	含水量/%	重度/(kN·m⁻³)	塑限 W_P/%	液限 W_L/%	压缩模量/MPa	桩侧摩阻力特征值/kPa	桩端阻力特征值/kPa
①-1	填土	2.8	34.8	18.6	17.9	0.58		50	
②-1	黏土	7.0	26.6	19.6	17.2	0.38		70	
②-2	粉质黏土	8.6	30.7	19.1	15.0	0.61		61	
③	粉质黏土	10.8	31.9	19.2	10.5	1.24		36	
④	粉质黏土	14.6	33.2	18.9	13.2	1.12		34	
⑤-1	粉质黏土	17.3	27.5	19.7	13.2	0.71	12.90	65	
⑤-2	黏土	19.0	23.9	20.0	18.5	0.20	17.26	93	4 500
⑤-3	粉质黏土	24.6	29.8	19.3	15.5	0.53	11.17	60	2 400
⑤-4	粉质黏土	30.2	32.3	18.9	13.2	1.02	13.67	41	1 800
⑥	黏土	33.85	42.9	17.9	23.6	0.65	8.14	55	
⑦	粉质黏土	37.35	28.3	19.8	11.9	0.83	15.15	51	3 000
⑧	粉质黏土	39.0	26.5	19.8	15.0	0.33	24.77	75	4 100

2.4.2　试验结果

2.4.2.1　荷载-沉降曲线

试验最终加载量为 6 003 kN,由桩身材料极限强度控制,此值分别等于桩 PJ-1 的 $2.42R_a$ 和 $1.55P_J$,桩 PJ-2 的 $2.67R_a$ 和 $1.72P_J$。桩 PJ-1 和 PJ-2 的荷载-沉降曲线如图 2.34 所示,可见两条曲线具有一定的相似性,均为缓变型。当加载到 6 003 kN 时,桩 PJ-1 和 PJ-2 的沉降量分别为 14.80 mm 和 17.3 mm,可见未达到极限状态。残余沉降量分别为 8.28 mm 和 10.47 mm,此值包括桩身的残余变形和桩端土体的塑性变形。加载至极限承载力标准值(4 968 kN)时,PJ-1 和 PJ-2 的沉降量分别仅为 10.73 mm 和 11.86 mm,远远小于缓变型沉降曲线的最大沉降控制值 40 mm。可见,在此地质条件下如以 $1.4 R_a$ 最为终压控制条件,具有较大安全储备。采用章节 2.3 所述荷载传递法得到的荷载-沉降计算曲线也一并绘于图 2.34 中,可见沉降的计算值略大于实测值,精度较高。

2.4.2.2　桩身轴力

每级荷载下 PJ-1 和 PJ-2 桩身轴力的分布如图 2.35 和图 2.36 所示。需要说明的是,在静载荷试验开始之前,钢筋应力计均进行了归零处理,因此此次试验并未考虑残余应力的影响。可见,在桩顶荷载小于 1 830 kN 时,25 m 以下的

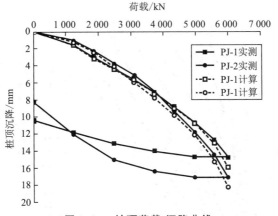

图 2.34 桩顶荷载-沉降曲线

桩身轴力基本为零,说明此时桩顶荷载均被上部摩阻力平衡,并未传递至桩身下部;随着桩顶荷载的增大,桩身下部的摩阻力和桩端阻力逐渐得以发挥。根据表 2.7 中列出的桩侧摩阻力和桩端阻力的特征值,计算得到的荷载传递曲线也绘于图 2.35 和图 2.36 中,可见,两者上部较为吻合,下部存在一定差异。分析认为,模拟计算中桩身下部(存在土塞部分)外侧摩阻力所采用的参数是基于试验中内外侧摩阻力共同作用结果得到的,存在一定误差。对比相同桩顶荷载下的实测曲线和规范值发现,桩端阻力的计算值明显大于实测值。基于测试手段的原因,此处所测得的桩端阻力仅为管壁所承担的端阻,而规范法计算得到的则为管壁端阻与土塞端阻之和,此为差异主要来源。对比说明,由地质资料根据规范法得到的桩侧摩阻力和桩端阻力设计值均是较为保守的。

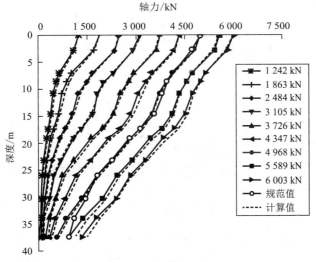

图 2.35 桩 PJ-1 桩身轴力分布

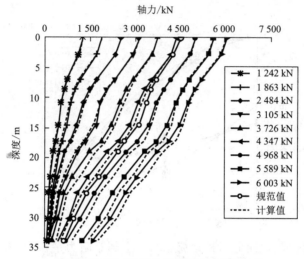

图 2.36　桩 PJ-2 桩身轴力分布

　　图 2.37 为不同桩顶荷载水平下桩端阻力所占的比例。可见,在低荷载水平下,荷载完全由桩侧摩阻力承担,表现为摩擦桩的性状。随着荷载的增加,桩端阻力逐渐发挥,桩基由摩擦桩逐渐向端承摩擦桩过渡。当加载量为 PJ-1 设计极限承载力 4 968 kN 时,PJ-1 和 PJ-2 的桩端阻力所占的比例均为 9%,在达到最大加载量 6 003 kN 时,此比例值分别增加至 19% 和 22%。在最大加载量时 PJ-2 的桩顶沉降为 5.8 mm,明显大于 PJ-1 的 2.2 mm,因此更多的桩端承载力得以调动。

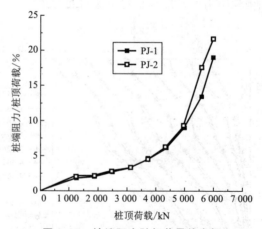

图 2.37　桩端阻力随加载量的发挥

　　本次试验中,在最大加载量下两根桩的桩顶沉降量均不足桩径的 1%,而桩径的 5% 被广泛认为是充分调动桩端阻力的桩顶沉降值(O'Neill,2001)。因此,

可推断本次试验中试验桩的端阻随桩顶沉降的增加还会进一步的调动,与图
2.37 中端阻比例曲线呈明显的增加趋势是一致的。

2.4.2.3　桩侧摩阻力

试验桩 PJ-1 和 PJ-2 每级荷载下桩侧摩阻力的分布如图 2.38 和图 2.39 所
示。可见,尽管下部也存在较硬的土层,但在低荷载水平下上部摩阻力明显大于
下部,说明下部摩阻力并未充分发挥。随着荷载的增加,摩阻力自上而下逐渐被
调动,且调动下部摩阻力所需的桩顶荷载要明显大于上部。充分调动最上部的
填土和最下部粉质黏土层的摩阻力所需的加载量分别为 1 242 kN 和 5 589 kN
(PJ-1),1 242 kN 和 6 003 kN(PJ-2)。最大单位桩侧摩阻力发生于 19 m 深度
处,PJ-1 和 PJ-2 分别为 118 kPa 和 122 kPa,高于规范设计值 27% 和 30%。

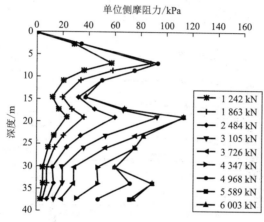

图 2.38　桩 PJ-1 侧摩阻力分布

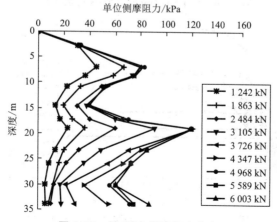

图 2.39　桩 PJ-2 侧摩阻力分布

  不同深度处的发展情况如图 2.40 和图 2.41 所示,可见,初期阶段单位桩侧摩阻力随桩土位移的增加而逐渐增大,当达到一定值后基本保持恒定,呈现双曲线分布规律。表明,桩与桩侧土之间荷载的传递更符合双曲线型荷载传递模型(Coyle & Reese,1966;律文田,2006)或将其简化的三折线模型。将不同深度处各土层最大单位摩阻力与其发挥所需的相对位移量汇总于表 2.8 中。可见,除填土层外,其他土层的桩侧极限摩阻力的实测值均大于地质报告的推荐值,前者为后者的 $1.06\sim1.52$ 倍。地质报告中的推荐值是根据地基土的室内物理力学试验和现场试验结果,结合当地经验得出的,可见是较为保守的。表 2.9 显示,黏土侧阻充分发挥所需的桩土相对位移极限值为 $1.81\sim5.44$ mm($0.003\sim0.009D$,D 为桩径),对应的桩顶沉降为 $0.012\sim0.027D$;粉质黏土充分发挥所需的桩土相对位移极限值为 $2.15\sim7.46$ mm($0.003\,6\sim0.012D$),大于黏土的位移极限值,对应的桩顶沉降为 $0.011\sim0.027D$。

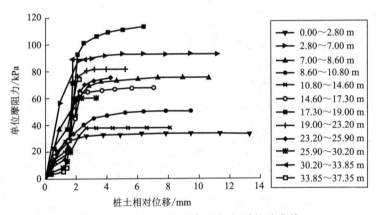

图 2.40　桩 PJ-1 单位摩阻力-相对位移曲线

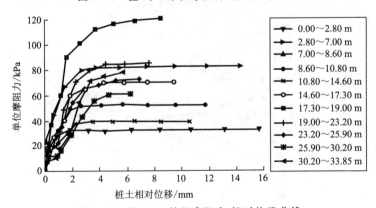

图 2.41　桩 PJ-2 单位摩阻力-相对位移曲线

表 2.8　各土层的极限(最大)单位摩阻力

土层	深度范围 /m	极限(最大)单位摩阻力/kPa				是否达到 极限
		PJ-1 实测值	PJ-2 实测值	规范 建议值	平均实测/ 建议值	
填土	0~2.8	33.86	32.45	50	0.66	是
黏土	2.8~7.0	92.80	83.00	70	1.26	是
	17.3~19.0	112.86	121.46	93	1.26	否
	30.2~33.85	88.92	78.50	55	1.52	否
粉质黏土	7.0~8.6	75.24	74.95	61	1.23	是
	8.6~10.8	50.06	53.00	36	1.43	是
	10.8~14.6	37.62	39.42	34	1.13	是
	14.6~17.3	67.72	70.64	65	1.06	是
	19.0~23.2	81.51	85.16	60	1.39	是
	23.2~25.9	75.24	72.94	56	1.32	否
	25.9~30.2	60.19	61.00	45	1.34	是
	33.85~37.35	74.1	—	51	1.45	否

表 2.9　各土层的极限(最大)相对位移及对应桩顶沉降

土层	深度范围 /m	极限(最大)相对位移 S_u/mm			对应桩顶沉降 S_0/mm		
		PJ-1	PJ-2	平均 S_u/d /%	PJ-1	PJ-2	平均 S_0/d /%
填土	0~2.8	6.24	6.27	1.04	7.18	7.2	1.19
黏土	2.8~7.0	4.99	5.44	0.87	7.18	7.2	1.19
	17.3~19.0	6.40	8.44	1.23	14.8	17.13	2.67
	30.2~33.85	2.61	5.91	0.63	14.8	14.52	2.44
粉质 黏土	7.0~8.6	6.00	6.29	1.02	8.92	9.44	1.53
	8.6~10.8	6.21	5.79	1.00	10.73	9.44	1.68
	10.8~14.6	2.69	3.49	0.52	5.64	7.2	1.07
	14.6~17.3	5.63	7.46	1.09	12.78	14.52	2.28
	19.0~23.2	4.29	4.42	0.64	10.73	11.86	1.88
	23.2~25.9	4.26	6.80	0.92	14.8	14.52	2.44
	25.9~30.2	3.32	4.68	0.67	14.8	17.13	2.66
	33.85~37.35	2.15	—	0.36	14.8	17.13	2.47

试验桩 PJ-1 和 PJ-2 的桩端应力-沉降关系如图 2.42 所示,可见两条曲线基本呈线性变化,未出现双折线荷载传递模型中的拐点,说明试验桩的沉降未达到弹塑性阶段的界限位移,因此可认为 $\lambda_1 = \lambda_2$。PJ-1 的荷载传递曲线的斜率大于 PJ-2,源于桩端土性的差异,地质资料也说明 PJ-1 桩端所处的粉质黏土刚度较大。根据试验的结果反分析得到荷载传递法参数 λ_1、λ_2 和 η 值,见表 2.10。需要说明的是,下部所测得的摩阻力是内外侧摩阻力共同作用的结果,直接将其得到的参数应用于模拟计算中的外侧摩阻力会带来一定误差。但基于 2.3 节的分析可知,土塞发挥的高度是有限的,因此可认为由此处理带来的误差只将影响最下部较小的范围。

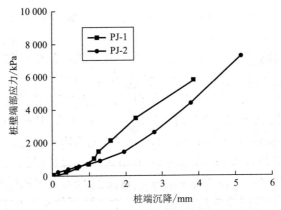

图 2.42　桩端应力-沉降关系曲线

表 2.10　荷载传递法参数取值

土层	深度范围/m	λ_1/(kPa·mm^{-1})	λ_2/(kPa·mm^{-1})	η
填土	0~2.8	22.23	3.11	0.48
黏土	2.8~7.0	32.21	8.94	0.65
	17.3~19.0	24.82	4.88	0.86
	30.2~33.85	41.52	6.72	0.78
粉质黏土	7.0~8.6	23.36	6.75	0.63
	8.6~10.8	14.04	3.51	0.81
	10.8~14.6	13.93	8.31	0.83
	14.6~17.3	21.17	5.33	0.67
	19.0~23.2	32.32	10.21	0.65
	23.2~25.9	24.13	6.23	0.74

土层	深度范围/m	λ_1/(kPa·mm^{-1})	λ_2/(kPa·mm^{-1})	η
粉质黏土	25.9~30.2	18.68	7.01	0.87
	33.85~37.35	33.78	26.13	0.64
PJ-1 桩端		$k_1 = k_2 = 1\,500.86$　/kPa/mm		
PJ-2 桩端		$k_1 = k_2 = 1\,409.23$　/kPa/mm		

2.5　开口混凝土管桩承载力的 CPT 设计方法

2.5.1　引言

静力触探试验(CPT)的探头贯入过程与预制桩的沉桩过程在机理上是十分相似的。因此,基于静力触探指标的预制桩承载力设计也从 20 世纪中后期开始逐渐得到国内外的认可。例如,1979 年由周镜院士执笔,铁路触探研究组提出的基于 CPT 的预制桩承载力综合修正法;De Ruiter & Beringen(1979)提出的 Dutch 法;Bustamante & Gianeselli(1982)提出的 LCPC 法等。

近年来,CPT 设计方法逐渐完善并被写入多国设计规范。在我国,《建筑桩基技术规范》(JGJ94—94)(以下简称 94 版规范)纳入了根据单桥和双桥静力触探资料确定预制桩的计算方法,并在《建筑桩基技术规范》(JGJ94—2008)(以下简称 08 版规范)中做了进一步的完善。Jardine 等(2005)提出的 MTD 设计方法及由此改进的 ICP 设计方法,以及 Lehane 等(2005)提出的 UWA 设计方法,已被美国石油协会纳入海洋平台的设计规程。挪威岩土工程协会提出了 NGI-05设计方法(Clausen 等,2005),俞峰和杨峻(2011c)在 ICP 和 UWA 设计方法的基础上发展了 HKU 设计方法,在香港地区逐渐得到推广。

2.5.2　我国规范设计方法的讨论

2.5.2.1　《建筑桩基技术规范》

目前,我国仅将 CPT 设计方法用于混凝土预制桩的设计,在两版规范中均是如此,且计算公式并无差异,如下所示:

$$Q_{uk} = Q_{sk} + Q_{pk} = u \sum l_i \cdot \beta_i \cdot f_{si} + \alpha \cdot q_c \cdot A_p \qquad (2.56)$$

式中,Q_{uk} 为单桩竖向极限承载力标准值;Q_{sk} 和 Q_{pk} 分别为总极限侧阻力和总极限端阻力标准值;f_{si} 为第 i 层土的探头平均侧阻;q_c 为桩端平均探头阻力;α 为桩端阻力修正系数,黏性土和粉土取 2/3,饱和砂土取 1/2;β_i 为桩侧阻力综合修正系数。黏性土和粉土,$\beta_i = 10.04(f_{si})^{-0.55}$;砂土,$\beta_i = 5.05(f_{si})^{-0.45}$。

对于开口钢管桩的设计,在两版规范中均采用经验参数法,但有所差异,如公式(2.57)所示:

$$Q_{uk} = Q_{sk} + Q_{pk} = \begin{cases} u \sum q_{ski} l_i + \lambda_p q_{pk} A_p & \text{(08 版规范)} \\ \lambda_s u \sum q_{ski} l_i + \lambda_p q_{pk} A_p & \text{(94 版规范)} \end{cases} \quad (2.57)$$

式中,q_{sik} 和 q_{pk} 分别为极限侧阻和极限端阻,取与混凝土预制桩相同值,可在规范中查表或根据当地经验获得;λ_s 为侧阻挤土效应系数,桩径越大取值越大;λ_p 为桩端土塞效应系数,但取值方法不同,08 规范可直接根据图 2.43 确定,与日本《钢管桩的设计和施工》取值方法相同,而 94 规范则要在此基础上乘以系数 λ_s 进行折减。08 规范相比 94 规范,忽略了挤土密度对承载力产生的影响,因此采用 08 规范计算得到的承载力值要比 94 规范大。

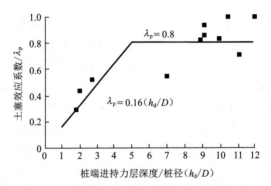

图 2.43　08 版桩基规范关于土塞效用系数 λ_p 的取值

在 08 版规范中增补了开口混凝土管桩的设计方法,计算时将桩壁端阻和土塞端阻进行区分:桩壁端阻按照预制桩的方式计算,土塞端阻则采用土塞效应系数进行折减。

$$Q_{uk} = Q_{sk} + Q_{pk} = u \sum q_{ski} l_i + q_{pk}(A_j + \lambda_p A_{p1}) \quad (2.58)$$

其中,A_j 为桩端净面积;A_{p1} 为桩端敞口面积;λ_p 为桩端土塞效应系数,通过图 2.43 确定,其余符号同前所述。

08 版规范中关于开口混凝土管桩的设计方法体现了土塞对桩基承载的影响,物理意义明确,但某些方面还可完善(俞峰、杨峻,2011c),讨论如下。

(1)未考虑挤土密度的影响,在一定程度上降低了侧阻计算值的准确性。例如,在黏性土中,桩内土塞高度一般较大,挤土效应明显小于闭口桩,因此,若按闭口桩进行取值则可能会导致侧阻计算值偏高。此部分的影响在本节后续实例对比分析中有所体现。

(2)土塞效应系数 λ_p 的取值有待完善。图 2.43 中的数据来自于标贯击数

$N > 50$ 的密砂中进行的一组桩径为 $450 \sim 650$ mm 的钢管桩试验。钢管桩桩壁截面积一般只有外包截面积的 $5\% \sim 8\%$，因此土塞效应有别于混凝土管桩，两者的承载力特征并非完全相同，土塞效用系数 λ_p 的取值方法能否直接搬用有待考证。

（3）未考虑沉桩方式的影响。同等条件下，静压桩的土塞高度一般小于锤击桩（De Nicola & Randolph,1997），前者的桩侧和桩端阻力均在一定程度上大于后者（Randolph,2003），目前规范尚未考虑由此带来的桩基承载力差异。

2.5.2.2 《公路桥涵地基与基础设计规范》

《公路桥涵地基与基础设计规范》（JTG D63—2007）中未专门规定开口管桩的设计方法，而是将其一并归入沉桩的范畴，当采用静力触探试验测定时，锤击桩和静压桩的承载力计算公式如下：

$$[R_a] = \frac{1}{2}\left(u \sum_{i=1}^{n} l_i \cdot \beta_i \cdot \overline{q}_i + \beta_r \cdot \overline{q}_r \cdot A_p \right) \tag{2.59}$$

其中，R_a 为沉桩的受压承载力容许值（kN），等同于桩基规范中的特征值；$\overline{q}_i$ 为静力触探测得的局部侧摩阻力平均值（kPa）；$\overline{q}_r$ 为桩端以上和以下 $4d$（d 为桩的直径或边长）范围内静力触探端阻的平均值（kPa）；β_i 和 β_r 为侧阻和端阻修正系数，计算如下：

当土层的 $\overline{q}_r > 2\,000$ kPa，且 $\overline{q}_i / \overline{q}_r \leqslant 0.014$ 时，

$$\beta_i = 5.067(\overline{q}_i)^{-0.45} \tag{2.60}$$

$$\beta_r = 3.975(\overline{q}_r)^{-0.25} \tag{2.61}$$

当不满足上述 $\overline{q}_r$ 和 $\overline{q}_i / \overline{q}_r$ 条文时，

$$\beta_i = 10.045(\overline{q}_i)^{-0.55} \tag{2.62}$$

$$\beta_r = 12.064(\overline{q}_r)^{-0.35} \tag{2.63}$$

《公路桥涵地基与基础设计规范》的设计思路与桩基规范中预制桩的计算大致相似，区别在于修正系数的取值。

2.5.3　国际主要设计方法

ICP 法、UWA 法和 HKU 法是目前国际上最主要的三种 CPT 开口管桩设计方法，来自于三所著名大学的研究团队，分别为帝国理工学院、西澳大学和香港大学，设计方法也均以校名来命名。这些方法具有相似的设计理念，均采用静力触探锥尖阻力 q_c 作为设计参数，这不同于我国桩基规范中采用 f_s 估算桩侧摩阻力的设计思路，原因在于 q_c 相比 CPT 侧摩阻力 f_s 更可靠（俞峰和杨峻，2011c）。此三种设计方法主要是针对钢管桩提出的，符合国外基础工程以钢管桩为主而混凝土管桩较少使用的工程背景，但其设计思路对于开口混凝土管桩

的设计具有明显借鉴作用。

2.5.3.1　ICP 设计方法

ICP 设计方法根据桩端状态采用不同的公式计算桩端阻力,当符合下列条件之一时认定管桩处于闭塞状态,否则为非闭塞:

$$D_i < 0.02(D_r - 30) \quad 或 \quad D_i < 0.083(q_{c,avg}/100)D_{CPT} \qquad (2.64)$$

式中,D_i 为钢管桩内径(m);D_r 为桩端砂土的相对密实度;$q_{c,avg}$ 为桩端某一范围内 CPT-q_c 的平均值(MPa);D_{CPT} 为静力触探头的直径,等于 0.036 m。

闭塞状态下的桩端阻力为:

$$q_b/q_{c,avg} = \max[0.5 - 0.25\log(D/D_{CPT}), 0.15, A_r] \qquad (2.65)$$

其中,A_r 为开口管桩面积率,采用以下表达式计算:

$$A_r = 1 - D_i^2/D^2 。 \qquad (2.66)$$

非闭塞状态下的桩端阻力为:

$$q_b/q_{c,avg} = A_r \qquad (2.67)$$

单位桩侧摩阻力 q_s 采用库伦摩擦定律确定:

$$q_s = \sigma_r' \tan\delta = (\sigma_{rc}' + \Delta\sigma_r')\tan\delta \qquad (2.68)$$

式中,δ 为桩-土界面摩擦角(°);σ_r' 为桩-土界面破坏时的径向有效应力(kPa),由沉桩结束后静置期的径向有效应力 σ_{rc}' 和轴向受荷引起的径向有效应力增量 $\Delta\sigma_r'$ 组成,分别采用公式(2.69)和(2.70)计算得出:

$$\sigma_{rc}'/q_c = 0.029(\sigma_v'/P_a)^{0.13}[\max(h_0/R_e, 8)]^{-0.38} \qquad (2.69)$$

$$\Delta\sigma_r' = 4G\Delta r/D \qquad (2.70)$$

式中,σ_v' 为沉桩前某深度处土的竖向有效应力;p_a 为参考压力(100 kPa);R_e 为按管壁截面积等效的桩径(m);h_0 为计算点与桩端的竖向距离(m);Δr 为轴向加载引起的桩-土剪切带径向位移(m),它与剪切带厚度及砂土剪胀性有关,钢-砂界面的 Δr 典型值等于 0.02 mm(Jardine 等,2005);G 为计算深度处桩周土的剪切模量(kPa),也可与该深度的 CPT-q_c 值建立联系:

$$G/q_c = \frac{185(q_c/P_a)^{-0.7}}{(\sigma_v'/P_a)^{-0.35}} \qquad (2.71)$$

2.5.3.2　UWA 设计方法

UWA 设计方法引入有效面积率 $A_{rb,eff}$ 来衡量开口管桩的挤土程度,桩端阻力的设计值为:

$$q_b/q_{c,avg} = 0.15 + 0.45A_{rb,eff} \qquad (2.72)$$

其中,

$$A_{rb,eff} = 1 - FFR\frac{D_i^2}{D^2} \qquad (2.73)$$

式中,FFR 为沉桩至最终 $3D$ 贯入度内的平均 IFR 值。

UWA-05 方法仍然采用库伦摩擦定律计算桩侧摩阻力:

$$q_s = (\sigma'_{rc} + \Delta\sigma'_r)\tan\delta_{cv} \tag{2.74}$$

其中,沉桩引起的径向有效应力 σ'_{rc} 采用公式(2.75)表达,有效应力增量 $\Delta\sigma'_r$ 的计算则采用与 ICP 方法相同的方式,如式(2.70)。

$$\sigma'_{rc}/q_c = 0.03[1-(d/D)^2\text{IFR}]^{0.3}[\max(h_0/D,2)]^{-0.5} \tag{2.75}$$

2.5.3.3　HKU 设计方法

该方法考虑了开口管桩的桩壁端阻随长径比的变化,在汇总对比已有研究成果(如图 2.44)的基础上提出了公式(2.76)用以计算桩壁端阻。土塞端阻则采用土塞率为参数的指数表达形式,如公式(2.77)。

$$q_{ann}/q_{c,avg} = 1.063 - 0.045(L/D) \geqslant 0.46 \tag{2.76}$$

$$q_{plug}/q_{c,avg} = 1.063\exp(-1.933\text{PLR}) \tag{2.77}$$

式中,L 为桩的埋置深度,PLR 为对应埋置深度 L 的土塞率。

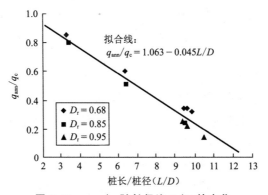

图 2.44　q_{ann}/q_c 随长径比 L/D 的变化

HKU 设计方法如同 ICP 法和 UWA 法一样仍采用库伦摩擦定律确定单位桩侧摩阻力 q_s。径向有效应力 σ'_{rc} 的计算采用了类似 UWA 的方法,但以更容易在试验中测得的土塞率 PLR 作为参数,即式(2.78);计算砂土剪胀引起的径向应力 $\Delta\sigma'_r$ 时考虑了土塞率的影响,表达式如公式(2.79)。

$$\sigma'_{rc}/q_c = 0.03[1-(d/D)^2\text{PLR}]^{0.3}[\max(h/D,2)]^{-0.5} \tag{2.78}$$

$$\Delta\sigma'_r = 4G\Delta r/\sqrt{(D^2 - \text{RLR}d^2)} \tag{2.79}$$

2.5.3.4　桩端影响区域

根据 CPT-q_c 结果确定 $q_{c,avg}$ 时,三种方法考虑了不同的桩端影响区,如表2.11。其中 A、B 分别为桩端平面以上、以下的桩端影响区。ICP 方法一般取 $A+B$ 范围内 q_c 值的算术平均值,如 q_c 曲线有突变则取值酌减。UWA 方法对于

$q_{c,avg}$ 的取值较为复杂,首先对 B 范围内的 q_c 做算术平均得 M_1,然后与 B 范围内的 q_c 最小值平均后得 M_2,再对 A 范围内的若干 q_c 极小值做平均得 M_3,取 $q_{c,avg}$ 为 M_2 和 M_3 的均值。HKU 方法首先区分桩的埋置条件,以桩进入持力层深度小于 $8D$ 为局部埋置,否则为完全埋置。然后分别计算 A、B 范围内的几何平均值 M_A 和 M_B,若 $M_A \leqslant M_B$,取 $q_{c,avg}$ 为两者平均值,否则取 $q_{c,avg}$ 等于 M_B。

表 2.11　三种 CPT 设计方法的桩端影响区取值

影响范围	ICP 方法	UWA 方法	HKU 方法			
			局部埋置		完全埋置	
			CPT-q_c 突变	无	砂土	粉砂
A	$1.5D$	$8D$	$8D$	$1.5D$	$2D$	$1D$
B	$1.5D$	$(0.7 \sim 4)D$	$1D$	$1.5D$	$4.5D$	$2.5D$

2.5.3.5　三种设计方法的对比

Jardine 等(2005)以及 Xu 等(2008)对 ICP 和 UWA 设计方法的特点进行了讨论,俞峰和杨峻(2011c)将 HKU 设计方法与前两种方法进行了较为全面的比较。结合以上成果,对三种方法进行对比,讨论如下。

(1)桩壁端阻与土塞阻力。

桩壁端阻和土塞端阻的作用机理是不同的,桩壁端阻类似于闭口桩或实体桩的端部阻力,土塞端阻则由于刚度的差异一般情况下会小于桩壁端阻。ICP 方法忽略了非闭塞条件下的土塞阻力,认为桩端阻力仅由桩壁端阻提供,此举易造成承载力预测值偏小(俞峰和杨峻,2011c)。UWA 方法考虑了土塞指标 IFR 对土塞端阻的影响,认为闭塞时的土塞阻力等同于管壁阻力($0.6q_{c,avg}$)。该法虽较为接近实际情况,但 IFR 在实际工程中不易测定,或限制该设计方法的推广应用。HKU 方法考虑了桩端埋置深度的影响,采用长径比为变量来估计桩壁阻力,土塞端阻则认为是随 PLR 呈指数型衰退。此方法的提出主要是依据 De Nicola & Randolph(1997)在砂土中进行的模型试验的结果,但在本书前述现场试验中此方面的影响并不显著,桩壁端阻与埋深的关系或有待于更多试验结果的验证和完善。

(2)桩端影响区域。

桩基端部的尺寸远大于 CPT 探头,因此,前者的影响范围远远大于后者。再者,探头易受到局部土质变化的影响而产生波动,因此,在采用 CPT-q_c 成果计算桩端阻力时应在桩端上下一定范围内取值平均。以刚塑性剪切破坏理论为依据时多强调桩端上部,以压缩机理为依据的则更强调桩端下部。目前多数 CPT 设计方法认同于前者,认为上部范围应大于下部,ICP 法和 UWA 法就是如此。

HKU 方法则是区分了局部埋置和完全埋置两种情况,由此得出的影响区域更接近实际情况。

(3) 侧阻疲劳退化。无论是锤击桩还是静压桩,某深度处的单位摩阻力都会随着桩体的持续贯入而衰退。三种设计方法都采用更实用的深度指标 h_0 来考虑侧阻疲劳退化的幅度。退化指数均是根据试验结果拟合得来,但三种方法却不完全相同,ICP 方法使用了较小的退化指数 0.38,主要依据是 Lehane(1992)和 Chow(1997)静压桩试验的结果。UWA-05 方法和 HKU 方法则采用了较大的数值 0.50。

(4) 土塞效应。IFR 和 PLR 是衡量土塞高度的两个最为常见的指标。UWA 方法和 HKU 方法分别采用以上两种不同的参数来衡量土塞效应的影响。IFR 为土塞高度的动态变化率,可以灵活地表示不同时刻不同深度处土塞带来的影响,PLR 则是从总量上来考虑,在实际工程中 IFR 无法测得的情况下可采用更易获得的指标 PLR 来代替。ICP 法未考虑土塞效用,与实际情况不符。

2.5.4 基于 CPT 的静压开口混凝土管桩承载力设计方法

2.5.4.1 桩侧摩阻力

采用土压力理论(以 β 法为主要代表)和静力触探(或标贯试验)来预测桩侧摩阻力是国际最为主流的两种设计方法,White & Deeks(2007)认为后者更为合理。在 ZJU 设计方法中采用以静力触探端阻为参数的库伦摩擦定律计算方法,参考上述三种方法(ICP、UWA 和 HKU 法)的设计思路,采用下列适用各类土的通用计算表达式:

$$q_s = (\sigma'_{rc} + \Delta\sigma'_r)\tan\delta = \underbrace{\frac{q_{c,avg}\tan\delta}{a}}_{(1)}\underbrace{(A_{r,eff})^b}_{(2)}\underbrace{[\max(h/D,2)]^{-c}}_{(3)} + \Delta\sigma'_r\tan\delta$$

$$(2.80)$$

式中,δ 为桩-土界面摩擦角(°);σ'_r 为桩-土界面破坏时的径向有效应力(kPa),由沉桩结束后静置期的径向有效应力 σ'_{rc} 和轴向受荷引起的径向有效应力增量 $\Delta\sigma'_r$ 组成。可见,单位桩侧摩阻力由两部分组成,一为沉桩产生的径向应力 σ'_{rc} 所引起的摩阻力;二为轴向受荷过程中径向有效应力增量 $\Delta\sigma'_r$ 所引起的摩阻力。第二部分只针对于具有剪胀特性的砂土,而对于黏性土和粉土在本设计方法中忽略。

径向应力 σ'_{rc} 所引起的摩阻力由三方面因素控制,分别对应于公式中的标记(1)、(2)、(3),也相应包含了公式中的 3 个待定参数 a、b、c,讨论如下。

(1) 为沉桩引起的闭口桩或实体桩在某深度处的最大摩阻力,即桩端刚刚沉入此处而未经疲劳退化的桩侧摩阻力。桩端附近的径向应力水平小于探头锥尖

阻力 q_c,取决于土的变形性质,尤其是卸载刚度(White & Deeks,2007),在公式中体现于参数 a(称之为应力折减系数)。一般情况下,砂土的刚度大于粉土和黏性土,因此折减系数 a 会大于后者。在 UWA 和 HKU 设计法中对于竖向抗压桩的 a 值均取为 33。Schneider & White(2007)采用参数 $Q[=(q_t - \sigma_{v0})/\sigma'_{v0}]$ [q_t 为修正后的锥尖阻力,$\sigma_{v0}(\sigma'_{v0})$ 为竖向初始(有效)应力]的表达式来表示不同类型土的 a 值,如式(2.81),对应所在试验场区的黏土、粉土和砂、砾石的 Q 值 5~15、50 和 100~200,$a/\tan \delta$ 值分别为 8~15、43 和 71~78。

$$\frac{a}{\tan \delta} \approx \min\left(\frac{2}{3}Q + 5, 78\right) \tag{2.81}$$

诸多 CPT 设计方法通过经验参数 β 来建立同一类土中桩侧摩阻力的平均值 $f_{s,avg}$ 与静力触探锥尖阻力平均值 $q_{t,avg}$ 的关系:$q_{t,avg}/f_{s,avg} = \beta$。最有代表性的是 Bustamante & Gianeselli(1982)提出的 LCPC 法。根据 Schneider & White(2007)的研究,比值 $a/\tan \delta$ 为 β 的 1/3~1/2,因此,根据 LCPC 法中给出的 β 的建议值(表 2.12),可知钢桩在黏性土,粉土和砂土中的 $a/\tan \delta$ 范围分别为 10~40、40~60 和 40~100,与 Schneider & White(2007)的结论基本一致。UWA 和 HKU 方法中,$a = 33$,$\delta = 29°$,$a/\tan \delta$ 值约为 60,落入此区间。但根据 Bustamante & Gianeselli(1982)的建议,混凝土桩的 β 值应小于钢桩,根据表 2.12 中数据所得的混凝土桩在黏性土,粉土和砂土中的 $a/\tan \delta$ 范围分别为 10~30、20~40 和 30~75。

表 2.12　LCPC 法关于 β 的建议值

土的种类	q_c/MPa	β		q_s最大值/kPa
		打入/静压混凝土桩	打入/静压钢桩	
软黏土,淤泥	<1	30	30	15
中等坚硬的黏土	1~5	40	80	35
坚硬的黏土,密实的粉土	>5	60	120	35
粉土,松砂	≤5	60	120	35
中密砂,卵砾石	5~12	100	200	80
密砂~非常密实砂和卵砾石	>12	150	200	120

(2)体现的是土塞效应对开口管桩侧摩阻力的影响。挤入桩内的土越多,即土塞相对高度越大,所产生的挤土密度则越小,对应的桩侧法向应力和侧摩阻力也越小。土塞对挤土密度的影响可采用有效面积率 $A_{r,eff}$ 来体现:

$$A_{rb,eff} = 1 - \mathrm{IFR}\frac{D_i^2}{D^2} \tag{2.82}$$

其中 D_i 和 D 分别为混凝土管桩内径和外径(m);如 IFR 在试验中较难获得,采用更易测得的土塞率 PLR 可近似代替。PLR 可现场测量得到,或根据以下表达式估算(俞峰和杨峻,2011c):

$$\text{RLR} = \begin{cases} 1.18 - 0.18\ln(L/d) \geqslant 0 & \text{(打入桩)} \\ 1.83 - 0.16\ln(L/d) \geqslant 0 & \text{(静压桩)} \end{cases} \tag{2.83}$$

参数 b 体现桩侧摩阻力对于挤土密度的敏感程度,本书称之挤土敏感系数。挤土敏感系数 b 越大,则说明土塞效应对侧阻的影响越大。当 $b=0$ 时,无论 IFR 如何变化,此项都等于 1 而不再起作用。Carter 等(1980)和 White 等(2005)采用孔扩张理论分别对黏土和砂土的挤土敏感系数 b 进行了理论研究。据此,黏土中的 b 值可取为 0.1,砂土的 b 值可取为 0.3,UWA 和 HKU 设计法亦是如此取值。而粉土性质介于黏土和砂土之间,建议取为 0.2。

(3) 体现的是侧阻疲劳退化带来的影响,在 PCI、UWA 和 HKU 三种设计方法中均得到了考虑,但有所差异,主要体现在侧阻退化系数 c 上。PCI 方法基于砂土中静压桩的实测数据而取较小值 0.38;UWA 和 HKU 方法提出的 0.50 则更适合于砂土中打入桩。Lehane 等(2000)研究发现黏土中打入桩的侧阻退化系数取为 0.2 是合适的。静压桩因经历较少的压桩循环,其侧阻退化幅度小于锤击桩(White,2004),因此黏土中静压桩的退化系数应小于 0.2,建议取为 0.15。粉土的 c 值可取黏土和砂土的中间值 0.35(打入桩)和 0.25(静压桩)。

表 2.13　桩侧摩阻力设计参数建议值

土的种类		$a/\tan\delta$	b	c	
				静压式	打入式
黏性土	流塑、软塑	15	0.1	0.15	0.2
	可塑、硬塑	20			
	坚硬	30			
粉土	松散	20	0.2	0.25	0.35
	稍密、中密	30			
	密实	40			
砂土及卵砾石	松散	40	0.3	0.38	0.5
	稍密、中密	60			
	密实	70			

2.5.4.2　桩端阻力

开口管桩的桩端阻力($Q_{b,o}$)由桩壁承担的阻力(Q_{ann})和土塞承担的阻力

(Q_{plg}) 两部分组成,单位桩端阻力 $q_{b,o}$ 的表达式如下所示:

$$q_{b,o} = (A_{ann}q_{ann} + A_{plg}q_{plg})/A_p \tag{2.84}$$

其中,A_p、A_{ann}、A_{plg} 分别为桩身外包截面积、桩身净截面积和桩内孔的面积 (m^2),q_{ann} 和 q_{plg} 分别为桩壁和土塞端部的单位承载力(kPa)。

闭口桩的单位端阻 $q_{b,c}$ 与锥尖阻力 q_c 大致呈比例 m 的关系(即 $q_{b,c} = mq_c$),此现象在诸多试验中被发现,如 Lehane(1992)。由于类似的作用机理,桩壁单位端阻 q_{ann} 接近于闭口桩或实体桩的单位端部阻力 $q_{b,c}$,因此可近似认定 $q_{ann} = q_{b,c}$,在 UWA-05 设计法中亦包含了如此相同的假设。

土塞端阻 q_{plg} 与 IFR 密切相关,当开口管桩处于完全闭塞(IFR = 0)时,桩的承载力性状类似于闭口桩,此时土塞单位端阻达最大值 $q_{plg,max}$,而当 IFR 增大时,q_{plg} 近似线性地减小至 $q_{plg,min}$(Lehane & Gavin,2001;Doherty,2010),如图 2.6 所示。Lehane 等(2005)认为 IFR = 1 时,可将土塞端阻 $q_{plg,min}$ 等同于钻孔灌注桩的桩端阻力 $q_{b,b}$,因此也可建立 $q_{plg,min}$ 与 q_c 之间的比例关系(系数为 n)。综上分析,桩壁端阻 q_{ann} 和土塞端阻 q_{plg} 与静力触探端阻均值 $q_{c,avg}$ 之间的关系如下:

$$q_{plg} = q_{plg,max} - (q_{plg,max} - q_{plg,min})IFR \tag{2.85}$$

$$q_{ann} = q_{plg,max} = mq_{c,avg} \tag{2.86}$$

$$q_{plg,min} = q_{b,b} = nq_{c,avg} \tag{2.87}$$

由此,可得适合各类土的开口管桩单位端阻的通用表达式:

$$q_{b,o} = nq_{c,avg} + (m - n)A_{r,eff} \tag{2.88}$$

Bustamante & Gianeselli(1982)以及 Ghionna 等(1993)建议钻孔灌注桩的桩端阻力 $q_{b,b}$ 取为 CPT-q_c 的 $0.15 \sim 0.23$。UWA 设计法建议砂土中 n 值取为 0.15。Alsamman(1995)给出了以下计算灌注桩单位端阻力的表达式:

非黏性土:

$$q_{b,c} = \begin{cases} 0.15q_c & (q_c \leqslant 100 \text{ tsf}) \\ 0.05q_c + 10 \leqslant 30 & (q_c > 100 \text{ tsf}) \end{cases} \tag{2.89}$$

黏性土:

$$q_{b,c} = 0.25(q_c - \sigma_{v0}) \leqslant 25 \tag{2.90}$$

根据 Fleming(1992a)建议的灌注桩的计算表达式,在端部沉降为 $0.1D(D:$ 桩径)时的单位端阻为 q_c 值的 $15\% \sim 20\%$(Lee & Salgado,1999)。由此可见,n 值基本处于 $0.15 \sim 0.25$ 的范围,且黏性土的 n 值略大于砂土和粉土。由此,ZJU 设计法建议黏性土、砂土和粉土的参数 n 分别取为 0.2、0.15、0.15,如表 2.14 所示。

Chow(1997)以及 Lehane & Gavin(2001)等通过试验发现,砂土中的 m 值大致处于 $0.6 \sim 1.0$ 范围,UWA 设计法取较为保守的 0.6。基于本章前述桩壁端阻的现场试验,对于砂土和黏性土中的 n 值建议分别取 0.6 和 0.8。需要说明的是,虽然本章试验中桩壁端阻是在贯入过程中测定的,但 Dingle 等(2006)试验发现静压桩在沉桩过程中与后期静载中的端阻值基本吻合,由此可见以本章试验结果作为设计阻力值是合理的。ZJU 设计法对于 m 的建议值如表 2.14 所示。

表 2.14　ZJU 设计法中参数 m 和 n 的取值

土的种类	m	n
黏性土	0.8	0.2
粉土	0.6	0.15
砂土	0.6	0.15

2.5.4.3　桩端影响区域

表 2.15 和表 2.16 是国内外部分 CPT 设计方法关于桩端影响区域的取值。可见,多数设计方法认为桩端以上影响范围应大于或等于桩端以下区域,与刚塑性剪切破坏理论分析的结果是一致的。HKU 设计方法将桩端分为局部埋置和完全埋置两种情况,并采用不同的取值范围,与桩端土体实际应力场分布规律吻合。该方法认为局部埋设时影响范围应着重考虑桩端以上区域,而完全埋置时则应考虑下部区域。本设计方法亦采用如此设计思路,以进入持力层深度小于 $8D$ 为界分为局部埋设和完全埋设两种情况予以考虑,即当进入持力层大于等于 $8D$ 时认定为全部埋设,小于 $8D$ 则为局部埋设。土的类型对区域范围也会产生一定的影响,球孔扩张理论关于塑性半径的解答亦体现于此:弹性模量越大,泊松比越小,则塑性区域越大。但为了简化取值,此方面在本设计方法中暂不考虑。基于以上分析,参考已有设计方法的取值,本设计方法关于桩端影响区域的建议值列于表 2.16 中。

表 2.15　国外 CPT 设计法中的桩端影响区取值

影响范围	Dutch 法	Meyerhof 法	LCPC 法	Schmertmann & Nottingham 法	印度	挪威	前苏联	罗马尼亚
桩端以上	$8D$	$4D$	$1.5D$	$(6\sim8)D$	$3.75D$	$5D$	$1D$	$3D$
桩端以下	$4D$	$4D$	$1.5D$	$(0.7\sim4)D$	$1D$	$3D$	$4D$	$4D$

表 2.16　国内 CPT 设计法中的桩端影响区取值

影响范围	铁道部	同济大学	交通部四航局	湖北省勘察院	桩基规范 单桥	桩基规范 双桥	公路桥涵规范	ZJU 设计方法(本书) 局部埋设	ZJU 设计方法(本书) 全部埋置
桩端以上	$4D$	$4D$	$4D$	$4D$	$8D$	$4D$	$4D$	$4D$	$2D$
桩端以下	$4D$	$1D$	$4D$	$1D$	$4D$	$1D$	$4D$	$1D$	$4D$

2.5.5 试验验证及分析

进行现场试验验证 ZJU 设计方法的有效性。本次试验与本章前述现场试验三同在一场地,位置相邻,地质情况也基本一致,静力触探锥尖阻力 CPT-q_c 随深度的变化如图 2.45 所示。

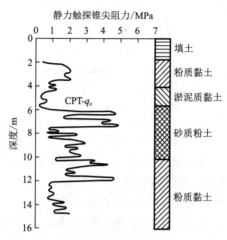

图 2.45　静力触探锥尖阻力随深度的变化

采用 ZJU 设计方法计算得到的桩侧摩阻力分布如图 2.46 所示。可见,计算结果不仅有效地反映出土质差异对侧摩阻力的影响,而且经退化效应修正后的侧摩阻力更符合上小下大的分布规律,即使是针对性质相近的同一类土层。

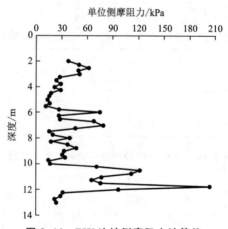

图 2.46　ZJU 法桩侧摩阻力计算值

各土层桩侧平均单位摩阻力计算值和实测值的对比如图 2.47 所示。可见,

ZJU 设计方法计算得到的桩侧摩阻力分布与实测值较为接近,《建筑桩基技术规范》(JGJ94—2008)的建议值则与实测值存在较大差异,主要体现在上部偏大而下部偏小。分析认为,上部的偏差主要是由于规范值未考虑侧阻疲劳退化效应和土塞效应的影响;下部偏差可能是源于深度效应。根据规范规定的经验参数法取值时,未考虑土层深度的影响,即相同物理指标的土层在不同深度处所产生的侧摩阻力都是相同的,这与实际情况不符,与国际范围内公认的 β 设计方法也是相矛盾的(Randolph,2003)。而本书提出的 ZJU 设计方法综合考虑了以上因素。

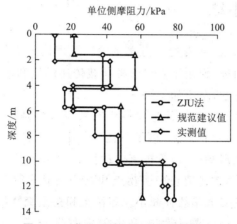

图 2.47 各土层桩侧阻力均值的对比

如图 2.48,总承载力、桩侧承载力和桩端承载力的实测值分别为 800 kN、661 kN 和 139 kN,与此对应的 ZJU 法计算值分别为 831 kN、705 kN 和 126 kN,误差分别为 +3.88%、+6.66%、−9.35%,准确度是较高的。规范的建议值则

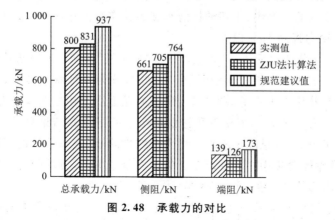

图 2.48 承载力的对比

明显高于实际情况,分析认为,侧阻的偏大是因为规范法将预制桩的经验值直接用于开口管桩,未考虑挤土密度的差异;根据规范法进行极限端阻力的经验值选取是以桩端土层的平均物理指标作为参考,本例管桩桩端所处的粉质黏土层厚度为 7.0 m,呈现明显的下硬上软的分布,而桩端只位于上部较软的区域,因此以均值作为依据的取值会大于实际。另外,计算时将工程性质并未十分理想的粉质黏土层作为持力层考虑,由此土塞效应系数 λ_p 取为 0.8,此举在一定程度上也会造成桩端阻力计算值偏大,此方面影响在前面也进行了讨论。

2.6　本章小结

本章采用足尺试验、室内物理力学试验以及理论分析相结合的方法对管桩的土塞效应进行了研究,提出了开口管桩荷载传递模型和基于静力触探 $CPT-q_c$ 的承载力优化设计方法,结论如下。

(1) 粉土及黏性土地基中的足尺桩土塞效应试验结果表明:管桩径厚比越大,形成的土塞相对高度越大;上硬下软的土层分布易出现闭塞现象,而上软下硬时则易造成土塞的滑动;开口管桩沉桩过程中,管壁端阻与静力触探锥尖阻力具有良好的可比性,两者比值在中密粉土和黏性土中分别为 0.81 和 0.59;土塞端阻随土塞增长率的增大呈线性减小。黏性土和粉土交互层地基中的静力触探试验表明,桩端处土塞的静力触探锥尖阻力和探头阻力高于原状土 67% 和 96%,桩端以下 4～5 倍桩径范围内土体的工程性质优于原状土。

(2) 土塞的物理力学试验结果表明:土塞在形成过程中被挤密,挤密范围为桩端以上 4～5 倍桩径,幅度沿高度大致呈线性降低;土塞分层与原状土层分布基本一致,各层之间的界面或呈向上凸起的曲面;土塞的剪切破坏面位于桩内壁凹凸面外侧边缘的土塞中;土塞的抗剪承载力存在时间效应,在法向应力下静置 24 小时后黏聚力提高 10% 以上。

(3) 基于荷载传递特征,建立开口管桩"桩中桩"荷载传递解析计算模型。桩壁外侧采用三折线荷载传递函数并将桩土界面分为 5 种状态考虑;桩壁内侧采用刚塑性模型并建立土塞平衡方程,土塞侧向压力则采用三折线分布假设;桩端采用双折线模型并区分土塞端阻和管壁端阻。解析计算结果显示,开口管桩的承载力略小于闭口桩,且随土塞率的增大呈线性减小;开口管桩的端阻多数由管壁承担;土塞摩擦力集中在桩端以上 2 倍桩内径范围内,桩端处的土塞摩阻力为桩壁外侧摩阻力的 3.4 倍。

(4) 通过黏性土地基中足尺桩静荷载试验,揭示了开口管桩的荷载传递性状。研究表明:随着桩顶荷载的增加,荷载逐渐向桩端传递,由纯摩擦桩向端承摩擦桩过渡;单位桩侧摩阻力随桩土位移的增加大致呈现双曲线分布规律;黏土和粉质黏土充分发挥侧阻所需的桩土位移分别为 $0.003 \sim 0.001\ 4D$ 和 $0.003\ 6 \sim 0.012D$。试验结果验证了本章提出的荷载传递模型的合理性。

(5) 在对比分析我国规范法以及国外主流设计方法的基础上,提出了更适用于开口混凝土管桩的基于静力触探试验的承载力设计方法——ZJU 设计法。方法以 CPT-q_c 为参数,充分考虑了挤土效应、土塞效应和侧阻退化效应对承载力的影响,提出了适合各类土的桩侧及桩端承载力设计参数。对比现场试验结果,验证了 ZJU 设计方法的合理性和精确度。

第3章

开口管桩挤土效应试验及理论研究

3.1 引 言

　　静压开口混凝土管桩属于挤土桩,但基于土塞效应其挤土效应区别于实体桩和闭口桩,严格意义上可将其归属为部分挤土桩。传统意义上的挤土效应主要是指桩体的沉贯对周围土体产生影响,进而对临近建筑物、构筑物和管道等产生破坏。主要包括桩周土体的竖向隆起和水平位移、土体因扰动而强度降低以及孔压的积聚等。多数研究只是考虑其所带来的不利影响。

　　但是,挤土效应所产生的影响并未只是负面的,体现于以下两个方面:① 正是因为挤土效应的存在,挤土桩的承载力大于同等条件下的灌注桩;② 挤土效应会导致桩周土体强度降低以及孔压的积聚,在一定程度上减小沉桩阻力,降低打桩难度和成本。

　　挤土效应是静压开口混凝土管桩最为直接的施工效应。

3.2 开口管桩挤土效应模拟计算

3.2.1 考虑初始孔的无限介质中球孔问题解答

3.2.1.1 基本假定

(1) 土体是饱和、均匀、各向同性的理想弹塑性材料;

(2) 小孔在无限大的土体中扩张;

(3) 土体屈服服从 Mohr-Coulomb 屈服准则。

设孔的初始半径为 R_0,内压为 P_0;扩张后孔的最终半径为 R_u,相应的孔内

压力最终值为 P_u。塑性区半径为 R_p,在此半径以内土体发生塑性屈服,半径以外土体保持弹性状态,如图 3.1 所示。

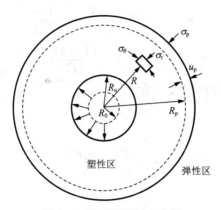

图 3.1　孔扩张平面示意图

3.2.1.2　基本方程

平衡微分方程:

$$\frac{\mathrm{d}\sigma_r}{\mathrm{d}r} + 2\frac{\sigma_r - \sigma_\theta}{r} = 0 \tag{3.1}$$

式中,σ_r 为土体径向应力;σ_θ 为土体切向应力;r 为计算点半径。

几何方程为:

$$\varepsilon_r = -\frac{\mathrm{d}u_r}{\mathrm{d}r} \tag{3.2}$$

$$\varepsilon_\theta = -\frac{u_r}{r} \tag{3.3}$$

式中,ε_r 为径向应变,ε_θ 为切向应变,u_r 为径向位移。

对于 Mohr-Coulomb 材料,屈服表达式为:

$$\sigma_r - \sigma_\theta = (\sigma_r + \sigma_\theta)\sin\varphi + 2c\cos\varphi \tag{3.4}$$

也可表达为:

$$\sigma_\theta = \sigma_r \frac{1 - \sin\varphi}{1 + \sin\varphi} - \frac{2c\cos\varphi}{1 + \sin\varphi} \tag{3.5}$$

其中,c、φ 分别表示土体的黏聚力和摩擦角。

(1) 弹性区的解答。

根据弹性理论,选取应力函数:

$$\zeta = \frac{A}{r} \tag{3.6}$$

于是,

$$\sigma_r = \frac{d^2\zeta}{dr^2} = \frac{2A}{r^3} \tag{3.7}$$

$$\sigma_\theta = \frac{1}{r}\frac{d\zeta}{dr} = -\frac{A}{r^3} = -\frac{1}{2}\sigma_r \tag{3.8}$$

$$u_r = -\frac{r\sigma_r}{4G} = -\frac{(1+\upsilon)}{2E}r\sigma_r \tag{3.9}$$

应用弹塑性区交界处的边界条件：

$$r = R_p, \quad \sigma_r = \sigma_p \tag{3.10}$$

可得：

$$\sigma_r = \frac{d^2\zeta}{dr^2} = \frac{\sigma_p R_p^3}{r^3} \tag{3.11}$$

$$\sigma_\theta = -\frac{\sigma_p R_p^3}{2r^3} \tag{3.12}$$

$$u_r = -\frac{\sigma_p R_p^3}{4Gr^2} \tag{3.13}$$

（2）塑性区的解答。

由公式（3.1）和公式（3.5）可得塑性区内的平衡微分方程：

$$\frac{d\sigma_r}{dr} + \frac{\sigma_r}{r}\frac{4\sin\varphi}{(1+\sin\varphi)} + \frac{4c\cos\varphi}{r(1+\sin\varphi)} = 0 \tag{3.14}$$

利用边界条件：$r = R_u$，$\sigma_r = P_u$，解答以上一阶微分方程，可得：

$$\sigma_r = (p_u + c\cot\varphi)\left(\frac{R_u}{r}\right)^{\frac{4\sin\varphi}{1+\sin\varphi}} - c\cot\varphi \tag{3.15}$$

据公式（3.13），并考虑土体中的各向同性初始应力 p_0，可得弹塑性区交界面处的径向位移：

$$u_p = -\frac{R_p}{4G}(\sigma_p - p_0) \tag{3.16}$$

据公式（3.15），可得弹塑性区交界面处的径向应力：

$$\sigma_p = (p_u + c\cot\varphi)\left(\frac{R_u}{R_p}\right)^{\frac{4\sin\varphi}{1+\sin\varphi}} - c\cot\varphi \tag{3.17}$$

将公式（3.17）代入公式（3.16）得弹塑性区交界面处的径向位移：

$$u_p = -\frac{R_p}{4G}\left[(p_u + c\cot\varphi)\left(\frac{R_u}{R_p}\right)^{\frac{4\sin\varphi}{1+\sin\varphi}} - c\cot\varphi - p_0\right] \tag{3.18}$$

由几何方程（3.3）可得弹塑性区交界面处的环向应变，

$$\varepsilon_{\theta p} = -\frac{1}{4G}\left[(p_u + c\cot\varphi)\left(\frac{R_u}{R_p}\right)^{\frac{4\sin\varphi}{1+\sin\varphi}} - c\cot\varphi - p_0\right] \tag{3.19}$$

结合屈服条件式(3.5)和弹性区径向应力和环向应力的关系(3.8)，可得弹塑性区交界面处径向应力的另一表达式：

$$\sigma_p = \frac{4c\cos\varphi}{3 - \sin\varphi} \tag{3.20}$$

将公式(3.20)代入公式(3.17)，并考虑土体中的初始应力 p_0，可得：

$$(p_u + c\cot\varphi)\left(\frac{R_u}{R_p}\right)^{\frac{4\sin\varphi}{1+\sin\varphi}} = \frac{3(p_0 + c\cot\varphi)(1 + \sin\varphi)}{3 - \sin\varphi} \tag{3.21}$$

进而得出：

$$p_u = \frac{3(1 + \sin\varphi)}{3 - \sin\varphi}(p_0 + c\cot\varphi)\left(\frac{R_p}{R_u}\right)^{\frac{4\sin\varphi}{1+\sin\varphi}} - c\cot\varphi \tag{3.22}$$

将公式(3.22)代入公式(3.18)可得：

$$u_p = -\frac{R_p\sin\varphi}{G(3 - \sin\varphi)}(p_0 + c\cot\varphi) \tag{3.23}$$

弹塑性区交界面处的环向应变也可表示为：

$$\varepsilon_{\theta p} = \frac{\sin\varphi}{G(3 - \sin\varphi)}(P_0 + c\cot\varphi) \tag{3.24}$$

可见，预采用公式(3.15)得到塑性区的应力，需知球形孔内压 P_u，此值可采用公式(3.22)计算得出，但式中塑性区半径 R_p 需确定。

塑性区径向位移的解答采用 Carter 等(1986)根据不相关 Mohr-Coulomb 屈服准则进行的推导，表达式如下：

$$u_r = \varepsilon_{\theta p}\left[A\left(\frac{R_p}{r}\right)^{1+\alpha} + B\left(\frac{R_p}{r}\right)^{1-\beta} + D\right]r \tag{3.25}$$

式中，$\varepsilon_{\theta p}$ 即为弹塑性交界面处的环向应变，其他参数可采用以下表达式得到：

$$D = 1 - \frac{T}{1 + \alpha} + \frac{Z}{1 - \beta} \tag{3.26}$$

$$\alpha = \frac{2}{M} \tag{3.27}$$

$$\beta = 1 - \frac{2(N - 1)}{N} \tag{3.28}$$

$$T = Z + 3 \tag{3.29}$$

$$Z = \frac{6S}{\alpha + \beta} \tag{3.30}$$

$$A = \frac{T}{1 + \alpha} \tag{3.31}$$

$$B = \frac{-Z}{1 - \beta} \tag{3.32}$$

$$S = \frac{2(1-\mu) - 2\mu(M+N) + MN}{(\mu+1)MN} \tag{3.33}$$

$$M = \frac{1+\sin\psi}{1-\sin\psi} \tag{3.34}$$

$$N = \frac{1+\sin\varphi}{1-\sin\varphi} \tag{3.35}$$

其中，Ψ 和 φ 分别为土体的剪胀角和内摩擦角；μ 为泊松比。通过公式（3.25）可见，要得到塑性区的位移解，也需先确定塑性区半径 R_p。

（3）塑性区半径 R_p 的确定。

塑性区平均体积应变 Δ 即为塑性区的体积变化和塑性区总体积的比值：

$$\Delta = \frac{\delta V_p}{V_p} \tag{3.36}$$

塑性区总体积：

$$V_p = \frac{4}{3}\pi(R_p^3 - R_u^3) \tag{3.37}$$

塑性区总体积的变化即为塑性区内各点体积应变 ε_v 之和：

$$\delta V_p = \int_{R_u}^{R_p} 4\pi r^2 \varepsilon_v \, dr \tag{3.38}$$

而体应变可由该点的径向和环向应变通过几何方程表示：

$$\varepsilon_v = \varepsilon_r + 2\varepsilon_\theta = \frac{\partial u_r}{\partial r} + 2\frac{u_r}{r} \tag{3.39}$$

其中，塑性区的径向位移由式（3.25）确定。将以上表达式代入式（3.36）得到塑性区平均体积应变：

$$\Delta = \frac{\delta V_p}{V_p} = 3\varepsilon_{\theta P} \frac{\left(\dfrac{R_p}{R_u}\right)^3 - A\left(\dfrac{R_p}{R_u}\right)^{1+\alpha} - B\left(\dfrac{R_p}{R_u}\right)^{1-\beta} - S}{\left(\dfrac{R_p}{R_u}\right)^3 - 1} \tag{3.40}$$

另外，球孔扩张后总体积变化应等于弹性区体积变化和塑性区体积变化之和：

$$R_u^3 - R_0^3 = R_p^3 - (R_p - u_p)^3 + (R_p^3 - R_u^3)\Delta \tag{3.41}$$

展开并忽略 u_p 的高阶次项，并代入 u_p 的表达式（3.23），可得：

$$\Delta = \frac{1 - \left(\dfrac{R_0}{R_u}\right)^3 - 3\left(\dfrac{R_p}{R_u}\right)^3 K}{\left(\dfrac{R_p}{R_u}\right)^3 - 1} \tag{3.42}$$

其中，

$$K = (P_0 + c \cot \varphi) \frac{\sin \varphi}{G(3 - \sin \varphi)} \tag{3.43}$$

将公式(3.42)代入公式(3.40)中,如已知 R_u、R_0 及土体相关参数,就可得到 R_p 的值。此时球孔扩张中所有未知参数均已得到解答,即可得出所需位移场和应力场,步骤如下:

(1) 根据相关试验及经验确定土体参数;

(2) 根据公式(3.40)和公式(3.42)确定 R_p,并将其代入公式(3.22)中求得球形孔内压力 p_u;

(3) 将 R_p 和 p_u 分别代入公式(3.25)、公式(3.15)和公式(3.5)中即可得出塑性区的位移和应力解答;

(4) 将 R_p 和 p_u 分别代入公式(3.17)和公式(3.18)中解得弹塑性区交界面处的径向应力和位移,再代入公式(3.11)、公式(3.12)和公式(3.13)得到弹性区的应力和位移解答。

3.2.1.3　初始孔径对解答的影响

在后续的模拟计算中将土塞的体积类比为球孔的初始孔径,因此,此处着重分析初始孔径对球孔扩张解答的影响。剪切模量 G 是衡量土体性质的主要参数之一,孔内最终压力、塑性区半径和径向应力体现孔内外的情况,故以此为参数进行分析。图 3.2 和图 3.3 分别为不同剪切模量 G 下初始孔径对塑性区半径和孔内最终压力的影响。可见,在同样初始孔径下,剪切模量 G 越大,塑性区半径和孔内最终压力越大。在一定程度上说明,材料越硬,扩孔所需的力则越大,孔周围受影响的范围也越广。不同剪切模量 G 下的变化曲线是相似的:塑性区半径和孔内最终压力随初始半径的增大均呈现明显的降低,且降低的速率随初始孔径的增大而逐渐增大。当初始孔径达到孔径的 0.8 倍后,降低幅度最显著。这表明,初始孔径越大,其变化对孔周应力场和位移场的影响越显著。

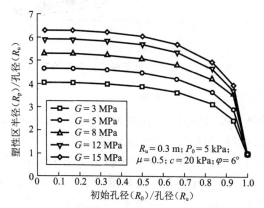

图 3.2　初始孔径对塑性区半径的影响

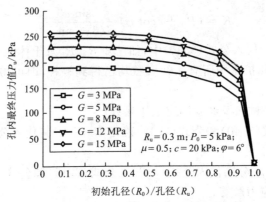

图 3.3 初始孔径对孔内最终压力值的影响

图 3.4 为 $R_u = 0.3$ m 时不同初始孔径下的径向应力分布。可见,初始孔径越大则径向应力越低。同时发现,各曲线呈现相似的变化趋势,径向应力随径向距离/孔径比值的增大近似呈对数型降低,当径向距离大于 6 倍孔径时,应力值已降低至较低的水平。

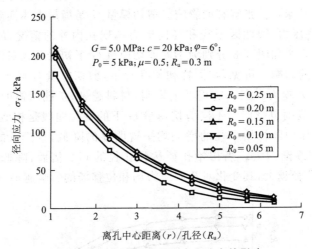

图 3.4 初始孔径对径向应力分布的影响

3.2.1.4 初始应力对解答的影响

后叙现场试验结果及国内外研究(如 McCabe & Lehane,2006)显示,沉桩引起的径向应力和与深度密切相关,深度越大则径向应力越大。同时,在分析本书试验和国内外试验测得的超孔隙水压力峰值的分布特征时发现,采用上覆有效压力进行无量纲化处理的超孔隙水压力峰值沿径向呈现出较为一致的分布规律(图 3.5),说明土体的初始应力状态对扩孔引起的应力水平的影响是显著的。

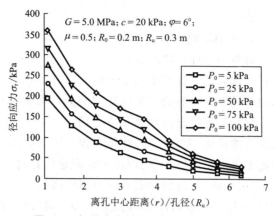

图 3.5　初始应力对径向应力分布的影响

图 3.5 是特定土质不同初始应力下扩孔引起的径向应力沿径向的分布图。可见,土体的初始应力对扩孔后的应力分布影响显著,随着离孔中心距离的逐渐增大,影响的程度逐渐递减。如图 3.6 所示,不同距离处的径向应力随初始应力的增大呈线性增大,且离孔中心距离越小变化的趋势越显著。$P_0 = 5$ kPa 和 $P_0 = 100$ kPa 时,$r = 0.3$ m 处的径向应力(即孔内最终压力值)分别为 195 kPa 和 359 kPa,后者约为前者 1.84 倍。

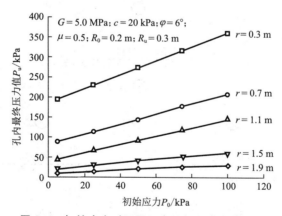

图 3.6　初始应力对不同距离处径向应力的影响

3.2.2　无限问题向半无限问题的处理

球孔扩张理论是基于无限体假设推导得出的,此时在地面处将会存在竖向和切向应力,与自由面无约束的边界条件相矛盾,可采用源汇法和源源法进行解决(Sagaseta,1987)。在源与汇的作用下,地表面实际上不存在的法向应力相互抵消,但切向应力叠加;在源与源的作用下,地表面上实际上不存在的切向应力相互抵消,竖向应力叠加。

Sagaseta(1987)认为源汇叠加后地表处产生的切向应力对竖向位移场的影响很小,简化计算时可忽略不计。罗战友(2004)、胡士兵(2007)通过研究也发现了相似的结论:源汇叠加后地表处产生的切向应力对竖向位移、竖向应力和竖向剪应力影响较小,源源叠加后地表处产生的竖向应力对水平位移、径向应力和环向应力影响较小。因此,进行挤土位移场和应力场计算时,合理选用源汇法或源源法,可忽略地面应力的修正,简化计算,计算步骤如图 3.7 所示。

第 1 步:先假定土体为无限体,采用球孔扩张理论计算得出真实源作用下无限介质中的应力场和位移场,并得到地表处应力和位移。

第 2 步:在地面以上对应源的位置,假定有一汇(源)的存在,计算得出无限体内产生的应力与位移。

第 3 步:将源和汇的解答进行叠加,得到半无限土体中的竖向位移、竖向应力和竖向剪应力;将源和源的解答进行叠加,得到半无限土体中的水平位移、径向应力和环向应力。

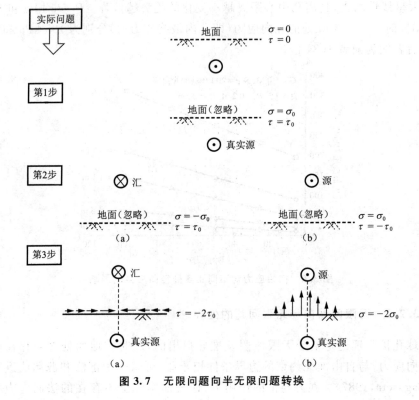

图 3.7 无限问题向半无限问题转换

3.2.3　开口管桩贯入挤土的建模

大量研究及本试验结果表明,桩的贯入更类似于桩端处球形孔的扩张,而非柱形孔的扩张。因此,本书将静压桩的贯入过程模拟为一系列球孔的扩张,并考虑桩侧摩阻力对桩周应力场和位移场的影响,如图 3.8 所示。需说明之处是,计算沉桩引起的应力和孔压时,并非将每个球孔得到的结果进行无限制的叠加,当叠加后的结果超过土体的抗裂能力时会产生土体的劈裂,造成应力和孔压的迅速消散,此现象在后续现场试验中得以体现。

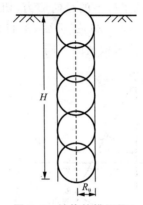

图 3.8　桩体的模拟贯入

开口管桩与闭口管桩最大的区别在于土塞效应,在此次模拟中将得以体现。采用球孔扩张前初始孔的体积来类比土塞的体积,进而得到土塞对应力场和位移场的影响。计算步骤如下所示。

(1)采用源源法和源汇法得到半无限土体中单一球孔扩张所产生的应力场和位移场;

(2)根据体积等价的原则得到球孔的数量;

(3)计算得出一系列球孔扩张后土体中的应力场和位移场;

(4)考虑桩侧摩阻力对应力场和位移场的影响,对以上解答进行修正。

3.2.4　模型的求解

3.2.4.1　采用源源法求解半无限体中单一球孔作用下的水平向应力场和位移场

无限介质中,单个真实源作用下计算点处的径向应力、环向应力和水平位移在柱坐标系下的表达。

$$\sigma_r(源) = \frac{r^2}{R_1^2}\sigma_{r1} + \frac{(z-h)^2}{R_1^2}\sigma_{\theta 1} \tag{3.44}$$

$$\sigma_\theta(源) = \sigma_{\theta 1} \tag{3.45}$$

$$u_r(源) = \frac{r}{R_1}u_{r1} \tag{3.46}$$

$$R_1 = \sqrt{(h-z)^2 + r^2} \tag{3.47}$$

$$R_2 = \sqrt{(h+z)^2 + r^2} \tag{3.48}$$

其中,R_1 为真实源与计算点的距离,R_2 为镜像源与计算点的距离,σ_{r1}、$\sigma_{\theta 1}$ 和 μ_{r1} 分别为真实源作用下无限体中球坐标下的径向应力、切向应力和径向位移,分别采用公式(3.15)、公式(3.5)、公式(3.25)或公式(3.11)、公式(3.12)、公式(3.13)计算得出,需考虑塑性区和弹性区取值的不同。

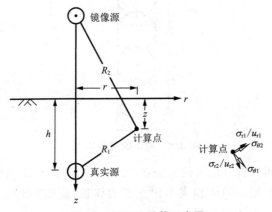

图 3.9　源源法计算示意图

无限介质中,单个镜像源作用下计算点处的径向应力、环向应力和水平位移在柱坐标系下的表达:

$$\sigma_r(镜像源) = \frac{r^2}{R_2^2}\sigma_{r2} + \frac{(z+h)^2}{R_2^2}\sigma_{\theta 2} \tag{3.49}$$

$$\sigma_\theta(镜像源) = \sigma_{\theta 2} \tag{3.50}$$

$$u_r(镜像源) = \frac{r}{R_2}u_{r2} \tag{3.51}$$

其中,R_2 为镜像源与计算点的距离,σ_{r2}、$\sigma_{\theta 2}$ 和 μ_{r2} 分别为镜像源作用下无限体中球坐标下的径向应力、切向应力和径向位移。

将真实源和镜像源的解答进行叠加,即可得到单个球孔扩张在半无限体中任意点处的径向应力、环向应力和水平位移:

$$\sigma_r(单孔) = \frac{r^2}{R_1^2}\sigma_{r1} + \frac{(z-h)^2}{R_1^2}\sigma_{\theta 1} + \frac{r^2}{R_2^2}\sigma_{r2} + \frac{(z+h)^2}{R_2^2}\sigma_{\theta 2} \tag{3.52}$$

$$\sigma_{\theta}(\text{单孔}) = \sigma_{\theta 1} + \sigma_{\theta 2} \tag{3.53}$$

$$u_{r}(\text{单孔}) = \frac{r}{R_1} u_{r1} + \frac{r}{R_2} u_{r2} \tag{3.54}$$

3.2.4.2　采用源汇法求解半无限体中单一球孔作用下的竖向应力场和位移场

单个真实源作用下计算点处竖向应力、竖向剪应力和竖向位移在柱坐标系下的表达：

$$\sigma_z(\text{源}) = \frac{(z-h)^2}{R_1^2} \sigma_{r1} + \frac{r^2}{R_1^2} \sigma_{\theta 1} \tag{3.55}$$

$$\tau_{zr}(\text{源}) = \frac{r(z-h)}{R_1^2}(\sigma_{r1} - \sigma_{\theta 1}) \tag{3.56}$$

$$u_z(\text{源}) = \frac{(z-h)}{R_1} u_{r1} \tag{3.57}$$

其中，R_1 为镜像源与计算点的距离，其余符号同前所述。

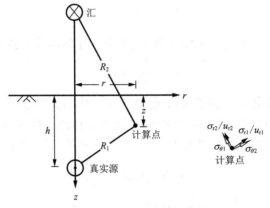

图 3.10　源汇法计算示意图

单个汇作用下计算点处的竖向应力、竖向剪应力和竖向位移在柱坐标系下的表达：

$$\sigma_z(\text{汇}) = -\frac{(z+h)^2}{R_2^2} \sigma_{r2} - \frac{r^2}{R_2^2} \sigma_{\theta 2} \tag{3.58}$$

$$\tau_{zr}(\text{汇}) = -\frac{r(z+h)}{R_2^2}(\sigma_{r2} - \sigma_{\theta 2}) \tag{3.59}$$

$$u_z(\text{汇}) = -\frac{(z+h)}{R_2} u_{r2} \tag{3.60}$$

其中，R_2 为汇与计算点的距离，其余符号同前所述。

将真实源和汇的解答进行叠加，即可得到单个球孔扩张在半无限体中任意点处的竖向应力、竖向剪应力和竖向位移：

$$\sigma_z(\text{单孔}) = \frac{(z-h)^2}{R_1^2}\sigma_{r1} + \frac{r^2}{R_1^2}\sigma_{\theta 1} - \frac{(z+h)^2}{R_2^2}\sigma_{r2} - \frac{r^2}{R_2^2}\sigma_{\theta 2} \tag{3.61}$$

$$\tau_{zr}(\text{单孔}) = \frac{r(z-h)}{R_1^2}(\sigma_{r1} - \sigma_{\theta 1}) - \frac{r(z+h)}{R_2^2}(\sigma_{r2} - \sigma_{\theta 2}) \tag{3.62}$$

$$u_z(\text{单孔}) = \frac{(z-h)}{R_1}u_{r1} - \frac{(z+h)}{R_2}u_{r2} \tag{3.63}$$

3.2.4.3 球孔数量及初始半径的确定

确定开口管桩等价于的球孔数量时,首先将其假定为实体桩,令球孔扩张后的最终半径等于桩的半径 R_u,暂不考虑球孔扩张前的初始半径,利用排开体积相等的原则来进行转换。

$$\pi R_u^2 \cdot \Delta h = \frac{4}{3}\pi R_u^2 \tag{3.64}$$

通过上式可得出单一球孔扩张(不考虑初始半径)等价于实体桩的高度:

$$\Delta h = \frac{4}{3}R_u = \frac{2}{3}d \tag{3.65}$$

其中,d 为桩的直径,若桩入土深度为 H,则等价于的球孔数量为:

$$n = \frac{H}{\Delta h} = \frac{3H}{2d} \tag{3.66}$$

开口桩的排土体积不同于闭口桩,取决于桩体的壁厚和涌入土塞的体积,忽略土塞的挤密,通过球孔扩张前的初始半径进行体现。根据涌入桩内土塞的体积等于球孔扩张前的初始球孔体积,可计算得出初始球径 R_0:

$$\frac{\pi d^2}{4} \cdot \overline{\text{IFR}} \cdot \Delta h = \frac{4}{3}\pi R_0^3 \tag{3.67}$$

$$R_0 = \frac{1}{2}\sqrt[3]{(d-t)^2 d \cdot \overline{\text{IFR}}} \tag{3.68}$$

式中,t 为管桩的壁厚;$\overline{\text{IFR}}$ 为 Δh 深度范围内的平均土塞增长率。

3.2.4.4 半无限土体中一系列球孔扩张后的应力场和位移场

$$\sigma_r(\text{多孔}) = \sum_{i=1}^{n}\left[\frac{r^2}{R_{1i}^2}\sigma_{r1i} + \frac{(z-h_i)^2}{R_{1i}^2}\sigma_{\theta 1i} + \frac{r^2}{R_{2i}^2}\sigma_{r2i} + \frac{(z+h_i)^2}{R_{2i}^2}\sigma_{\theta 2i}\right]$$

$$\tag{3.69}$$

$$\sigma_\theta(\text{多孔}) = \sum_{i=1}^{n}\left[\sigma_{\theta 1i} + \sigma_{\theta 2i}\right] \tag{3.70}$$

$$\sigma_z(\text{多孔}) = \sum_{i=1}^{n}\left[\frac{(z-h_i)^2}{R_{1i}^2}\sigma_{r1i} + \frac{r^2}{R_{1i}^2}\sigma_{\theta 1i} - \frac{(z+h_i)^2}{R_{2i}^2}\sigma_{r2i} - \frac{r^2}{R_{2i}^2}\sigma_{\theta 2i}\right]$$

$$\tag{3.71}$$

$$\tau_{zr}(多孔) = \sum_{i=1}^{n} \left[\frac{r(z-h_i)}{R_{1i}^2}(\sigma_{r1i} - \sigma_{\theta 1i}) - \frac{r(z+h_i)}{R_{2i}^2}(\sigma_{r2i} - \sigma_{\theta 2i}) \right] \quad (3.72)$$

$$u_r(多孔) = \sum_{i=1}^{n} \left[\frac{r}{R_{1i}}u_{r1i} + \frac{r}{R_{2i}}u_{r2i} \right] \quad (3.73)$$

$$u_z(多孔) = \sum_{i=1}^{n} \left[\frac{(z-h_i)}{R_{1i}}u_{r1i} - \frac{(z+h_i)}{R_{2i}}u_{r2i} \right] \quad (3.74)$$

3.2.4.5 桩侧摩阻力修正

桩侧阻的疲劳退化采用指数型表达式,并将其与沉桩循环数相关联,如下所示:

$$\tau = K \cdot \tan\delta \cdot \gamma' \cdot h_z \cdot e^{\zeta \cdot (N-1)} \quad (3.75)$$

式中,

$$N = \left[\frac{H-h_z}{h_i} \right] \quad (3.76)$$

其中,τ 为经历退化效应后某深度 h_z 处的桩侧最终单位摩阻力;δ 为桩土摩擦角;K 为桩侧土压力系数;σ_v' 为桩侧土竖向有效应力;γ' 为桩侧土有效重度;ζ 为侧阻退化系数;N 为某深度处所经历的沉桩循环次数;h_i 为每一沉桩循环实现的贯入深度;$[\,]$ 表示向上取整;H 为桩入土深度。

沉桩时因桩身横向晃动,使得浅层土体与桩身之间产生裂缝,加上在超孔隙水压力作用下孔隙水的润滑作用,此段的桩侧滑动摩阻力非常小,通常情况下可忽略不计称为脱离区,桩身侧摩阻力计算时可不考虑此段的摩擦作用。脱离区 H_1 的长度受入土总深度、土的初始状态、土层性质等影响,为 $(0.15\sim0.3)H$,本文取 $H_1 = 0.2H$。

半无限体中集中力产生的位移和应力可采用 Mindlin 解进行解答(Mindlin,1936),桩侧摩阻力所产生的位移场和应力场如下:

$$\begin{aligned}
\sigma_r(摩阻力修正) = \int_{0.2H}^{H} &\left\{ \frac{R_u\tau}{4(1-\mu)} \left[\frac{(1-2\mu)(z-h_z)}{R_1^3} - \frac{(1-2\mu)(z+7h_z)}{R_2^3} - \right.\right.\\
&\frac{3r^2(z-h_z)}{R_1^5} - \frac{30r^2 zh_z(z+h_z)}{R_2^7} + \\
&\frac{6h_z(1-2\mu)(z+h_z)^2 - 6h_z^2(z+h_z) - 3(3-4\mu)r^2(z-h_z)}{R_2^5} + \\
&\left.\left. \frac{4(1-\mu)(1-2\mu)}{R_2(R_2+z+h_z)} \right] \right\} dh_z
\end{aligned} \quad (3.77)$$

$$\sigma_\theta(摩阻力修正) = \int_{0.2H}^{H} \left\{ \frac{R_u\tau(1-2\mu)}{4(1-\mu)} \left[-\frac{(3-4\mu)(z+h_z)-6h}{R_2^3} - \right.\right.$$

$$\left. \frac{4(1-\mu)}{R_2(R_2+z+h_z)} + \frac{6h(z+h_z)^2}{R_2^5} \frac{z-h_z}{R_1^3} - \frac{6h^2(z+h_z)}{(1-2\mu)R_2^5} \right] \right\} dh_z$$

$$(3.78)$$

$$\sigma_z(\text{摩阻力修正}) = \int_{0.2H}^{H} \left\{ \frac{R_u\tau}{4(1-\mu)} \left[-\frac{(1-2\mu)(z-h_z)}{R_1^3} + \right. \right.$$

$$\frac{(1-2\mu)(z-h_z)}{R_2^3} - \frac{30zh_z(z+h_z)^3}{R_2^7} -$$

$$\frac{3(3-4\mu)z(z+h_z)^2 - 3h_z(z+h_z)(5z-h_z)}{R_2^5} -$$

$$\left. \left. \frac{3(z-h_z)^3}{R_1^5} \right] \right\} dh_z \qquad (3.79)$$

$$\tau_{zr}(\text{摩阻力修正}) = \int_{0.2H}^{H} \left\{ \frac{2\pi R_u\tau}{8\pi(1-\mu)} \left[-\frac{(1-2\mu)}{R_1^3} + \frac{(1-2\mu)}{R_2^3} - \right. \right.$$

$$\frac{3(z-h)^3}{R_1^5} - \frac{30zh(z+h)^3}{R_2^7} -$$

$$\left. \left. \frac{3(3-4\mu)z(z+h) - 3h(3z+h)}{R_2^5} \right] \right\} dh \qquad (3.80)$$

$$u_r(\text{摩阻力修正}) = -\int_{0.2H}^{H} \left\{ \frac{2\pi R_u r\tau}{16\pi G(1-\mu)} \left[\frac{z-h_z}{R_1^3} + \frac{(3-4\mu)(z-h_z)}{R_2^3} - \right. \right.$$

$$\left. \left. \frac{4(1-\mu)(1-2\mu)}{R_2(R_2+z+h_z)} + \frac{6zh(z+h_z)}{R_2^5} \right] \right\} dh_z \qquad (3.81)$$

$$u_z(\text{摩阻力修正}) = -\int_{0.2H}^{H} \left\{ \frac{2\pi R_u\tau}{16\pi G(1-\mu)} \left[\frac{3-4\mu}{R_1} + \frac{8(1-\mu)^2 - (3-4\mu)}{R_2} + \right. \right.$$

$$\left. \left. \frac{(3-4\mu)(z+h_z)^2 - 2zh}{R_2^3} + \frac{(z-h_z)^2}{R_1^3} + \frac{6zh(z+h_z)}{R_2^5} \right] \right\} dh_z$$

$$(3.82)$$

其中, $R_1^2 = r^2 + (z-h)^2$, $R_2^2 = r^2 + (z+h)^2$, 式中符合同前所述。

3.2.5 孔隙水压力的计算

桩周土在三向应力作用下将产生超孔隙水压力增量 Δu, 根据 HENKEL 公式可得:

$$\Delta u = \beta \Delta \sigma_{oct} + \alpha_f \Delta \tau_{oct} \qquad (3.83)$$

$$\Delta \sigma_{oct} = \frac{1}{3}(\Delta \sigma_r + \Delta \sigma_\theta + \Delta \sigma_z) \qquad (3.84)$$

$$\Delta \tau_{oct} = \frac{1}{3}\sqrt{(\Delta \sigma_r - \Delta \sigma_\theta)^2 + (\Delta \sigma_\theta - \Delta \sigma_z)^2 + (\Delta \sigma_z - \Delta \sigma_r)^2} \qquad (3.85)$$

$$\alpha_f = 0.707(3A_f + 1) \tag{3.86}$$

式中，$\Delta\sigma_{oct}$ 为八面体正剪应力增量；$\Delta\tau_{oct}$ 为八面体剪应力增量；β、α_f 为空间应力条件下孔隙水压力参数：饱和土 $\beta=1$；对于正常固结土 $A_f=0.7\sim1.3$，对于灵敏性土，$A_f=1.5\sim2.5$；$\Delta\sigma_r$、$\Delta\sigma_\theta$、$\Delta\sigma_z$ 表示压桩引起的径向、切向和竖向应力增量，与章节 3.2.4 模拟计算中由球孔扩张引起的径向、切向和竖向应力（分别为 σ_r、σ_θ 和 σ_z）是一致的。

3.3　沉桩挤土对地基土影响的现场试验研究

3.3.1　试验概述

试验地点位于杭州市下沙地区，紧邻下沙地铁总站。本工程桩基总数为 65 根，采用 PHC-500(110) 型预应力混凝土空心开口管桩，ZYC900 型桩机静压施工，有效桩长为 15 m，送桩至地坪以下 7.0～8.0 m 处。从 2009 年 5 月 10 日开始压桩到 2009 年 5 月 30 日结束，施工周期 20 天，桩基位置及施工顺序如图 3.11 所示。选取其中 13 根桩进行试验，试验内容包括沉桩过程中孔隙水压力、径向总应力、土体水平向及竖向位移的变化，以及土塞相关方面的试验（见 2.2 节）。

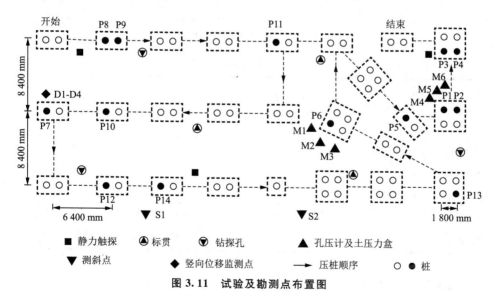

图 3.11　试验及勘测点布置图

现场试验前进行详尽的地质勘察，包括静力触探、标准贯入试验、室内快速剪切试验及相关物理力学试验，地质情况如图 3.12 和表 3.1 所示。地面以下约 1.0 m 范围内为杂填土，主要包括碎石、建筑垃圾及有机废弃物。场地不同位置处填土的性质有所差异：P11 桩附近主要以大块碎石为主，直径大致为 7 cm；P12 桩附近主要为粒径较小的碎石；P13 桩所处位置地面为破碎混凝土板，原为临时道路。地面 1.0 m 以下分别为黏质粉土、砂质粉土和粉质黏土，物理力学指标详见表 3.1。

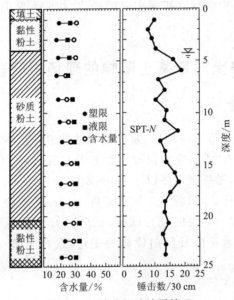

图 3.12　试验场地地质情况

表 3.1　试验场地工程地质概况

土层	土层 厚度 /m	天然 含水量 w/%	天然重度 /(kN·m^{-3})	孔隙比 e	塑性指数 I_p	液性指数 I_L	内摩擦角 φ/(°)	黏聚力 c/kPa	压缩 模量 E_s /MPa
杂填土	1.0	23.5							
黏质粉土	3.2	29.1	18.50	0.882	9.1	1.13	29.5	16.0	16.0
砂质粉土	15.8	26.9	18.81	0.820			30.2	12.2	12.0
黏质粉土	6.0	29.6	18.60	0.887	9.3	1.18	29.3	11.5	9.4
粉质黏土	12.5	31.7	18.10	0.977	11.6	1.12	16.9	16.9	8.7

3.3.2　试验设置

为全面观测挤土效应，本次试验共埋设 6 组孔隙水压力计和土压力传感器、2 根测斜管以及 4 处地面竖向位移观测点，试验点位置如图 3.11 所示。

孔隙水压力计和土压力盒均为振弦连续记录式，编号为 M1～M6，埋设深度分别为 6 m、9 m 和 12 m。其中 M1~M3 位于桩群内部,而 M4~M6 位于桩群边缘处。传感器采用预钻法埋设,每个监测孔中放置土压力盒、孔压计各一个。先放置土压力盒,并填入膨胀性黏土填充土压力盒与孔壁之间的空隙,然后放入孔隙水压力计,而后填入一定量的砂土,最后利用现场内较细的土填埋至地坪,如图 3.13 所示。为保证土压力盒受力面指向特定的试验桩,埋设时采用导杆及预制混凝土端板进行方向定位。其中 M1~M3 受力面面向 P6 桩,M1~M3 受力面面向 P1 桩,埋设深度和与临近试验桩中心的距离如表 3.2 所示。

图 3.13　传感器的埋设

表 3.2　传感器与试验桩中心的距离

传感器	埋置深度/m	P1	P2	P3	P4	P5	P6
M1	6.0	—	—	—	—	—	3.0d
M2	9.0	—	—	—	—	—	3.0d
M3	12.0	—	—	—	—	—	3.0d
M4	6.0	3.5d	5.7d	10.0d	10.8d	10.7d	—
M5	9.0	4.5d	6.0d	8.5d	12d	12.4d	—
M6	12.0	7.5d	6.8d	7.6d	7.4d	14.3d	—

(d:管桩外径,等于 500 mm)

测斜管设置于桩群外侧 3.5 m 处,预钻孔埋设。采用内径为 38 mm 的 PVC 管,深度 35 m,管端进入砾砂层 2.0 m 以保证端部不发生水平位移。埋设时,确保一对导槽分别与外侧轴线垂直和平行。P7 试验桩周围设置 4 处地面竖向位移监测点,编号为 D1~D4,距离桩壁分别为 0.25 m(0.5d)、0.5 m(1d)、1.0 m(2d)和 1.5 m(3d)。监测点处埋设 5 cm×5 cm×10 cm 混凝土块。

3.3.3 试验结果

3.3.3.1 孔隙水压力

P1～P6试验桩压入过程中，M1～M6监测到的超孔隙水压力的动态变化情况如图3.14所示。P6试验桩压入时因传感器临时性故障未采集到6 m处孔压的变化。参见地质资料可见，所有孔压传感器均埋设于渗透性较好的砂质粉土层中。

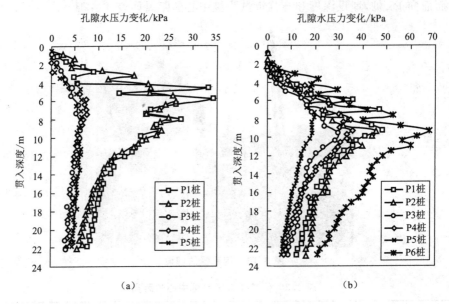

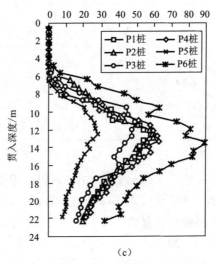

图3.14　压桩过程中孔压的动态变化

　　每只传感器捕捉到的孔压的变化曲线具有一定的相似性,且均与桩的贯入深度密切相关:当桩端压入至传感器以上约 12 倍桩径处,孔压开始逐渐增大;桩端达到传感器埋置深度处时,孔压急剧增长至最大值;而后随着桩的继续贯入,孔压迅速减小,后期逐渐稳定;压桩完成时,部分孔压已消散。Yu(2004)、McCabe & Lehane(2006)在颗粒土中进行试验时也观测到了如此快速的孔压消散。虽黏性土中桩的贯入也会产生相似的孔压变化规律(如 Blanchet 等,1980;Roy 等,1981;Pestana 等,2002;唐世栋等,2002a;Xu 等,2006),但孔压的消散速度却远不及本次和上述两次试验。

　　当桩体压入至未扰动土层时,土体的挤压变形造成了超孔隙水压力的逐渐积聚。当贯入至某一深度时,桩端处迅速的挤压扩张造成了本深度处孔隙水压力的急剧增长。可见,桩的贯入更类似于桩端处球孔的扩张,而非柱孔的扩张。当桩继续贯入时,超孔隙水压力发生急剧减少可解释如下:当超孔隙水压力所产生的拉应力超过土体的抗拉强度时,土体开裂,形成渗流通道,超孔隙水压力迅速消散。后期随着超孔隙水压力的消散,土体裂缝逐渐闭合,孔压的消散进入稳态阶段。

　　对比图 3.14(a)(b)(c)发现,不同深度处所产生的超孔隙水压力是不同的,深度越大则超孔隙水压力越大。这说明,沉桩引起的超孔隙水压力不仅与径向距离有关,也与深度或上浮压力密切相关。忽略土体的挤密,建立超孔隙水压力峰值和上覆有效压力的比值与径向距离的关系,如图 3.15 所示。其中,r 和 R 分别表示孔压计与桩中心之间的距离和桩身半径。

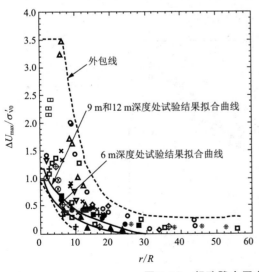

注:
- ⊡ Reese & seed,软土,闭口锤击模型桩,1995
- ● Bjerrum & Johannessen,沉积黏土,锤击钢桩,1960
- ◆ Soderman & Milligan,黏土,锤击桩,1961
- ◘ Lo & Stermac,粉/黏土,锤击闭口桩/H型桩,1965
- ✳ D'Appolonia & Lambe,黏土,锤击桩,1971
- ▽ Hwang 等,欠固结黏土,锤击桩,1994
- ✕ Hwang 等,粉砂,锤击PC桩,2001
- ▲ Hwang 等,软土,锤击PC桩,2001
- ○ Pestana等,淤泥,锤击钢管桩,2002
- ⊕ Tang等,软土,锤击钢管桩,2002
- ＋ Xu等,软土,震动压入桩,2006
- ■ 12 m深度处(本书)
- ● 9 m深度处(本书)
- ▲ 6 m深度处(本书)

图 3.15　超孔隙水压力试验及对比结果

图 3.15 对比给出了国内外部分试验的结果。可见,虽数据具有一定的离散性,但基本位于一条对数型分布的带状区域内,预示了归一化后的超孔隙水压力随径向距离大致呈对数型衰减。数据点的离散性,即初始超孔隙水压力和衰减的速度,源于不同的桩身尺寸、形状、土质和沉桩方式。

从图 3.15 中可见,本次试验中 9 m 和 12 m 深度处的数据点呈现相似的分布,而 6 m 的试验结果却相对较小,此现象基于以下两方面原因:① 送桩产生的孔洞加快了浅层处孔压的消散;② 浅层处土塞增长率较大,挤土量较小。拟合曲线如图中所示,表达式可采用以下对数通用形式表示:

$$\frac{\Delta u}{\sigma'_{vo}} = A - B\ln\frac{r}{R} \tag{3.87}$$

其中,参数 A 表示管壁处的最大超孔隙水压力,参数 B 表示沿径向衰减的速度。本次试验 2 条拟合曲线的 A、B 值分别为 1.18、0.35 和 0.97、0.29。由此可得超孔隙水压力沿径向的影响范围分别为 14.5 倍和 12.5 桩径。

本次试验测得的数据点位于带状区域的下部,相比其他试验数据是较小的。桩端开口是原因之一,大量研究(如 Paik 等,2003)证实径向土体位移量是制约周围土体反应程度的重要因素之一,本次试验采用的开口管桩的挤土量相比闭口桩和实体桩要小一些,周围土体受影响较小。沉桩方法则为另一原因,静压沉桩造成的土体扰动比锤击法会小得多,因此造成的超孔隙水压力也会相对较小。图 3.16 为采用本书提出的模拟计算方法得出的最大孔隙水压力值与实测值的对比情况,可见,计算结果与实测值较为吻合。其中,孔压参数取值为 $\beta = 1.0$,$A_f = 1.0$,其余参数的取值见表 3.3。

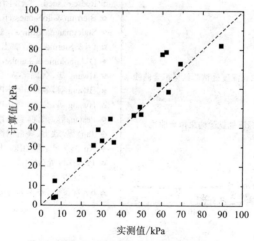

图 3.16 超孔隙水压力试验值与计算值对比

　　图 3.17 为传感器 M1～M6 监测到的孔隙水压力在整个试验期内的变化。可见,同一区域内不同深度处孔压的总体变化趋势是相似的。本试验测得的超孔隙水压力的消散是快速的,在其达到峰值后的约 4 小时内已基本完全消散,孔压恢复至静孔隙水压力的水平。此处测得的超孔隙水压力消散速率明显快于 Lehane & Jardine(1994)和 Pestana 等(2002)试验的结果。分析认为,粉土良好的渗透性是孔压迅速消散的主要原因。另外,送桩形成的孔洞增加了排水路径,以及施工期内地面堆置的未施工管桩在一定程度上增加了上覆压力,也起到了一定的作用。本试验结果或说明,颗粒土的固结对于桩承载力特征的后期影响较小。

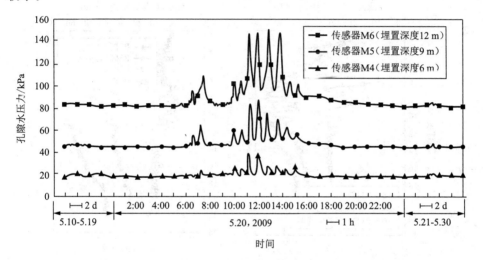

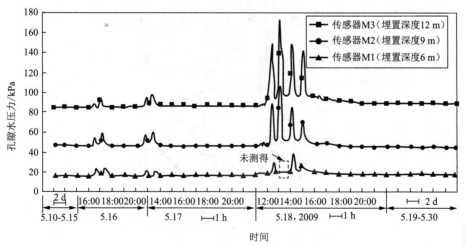

图 3.17　超孔隙水压力的长期变化

3.3.3.2 径向总应力和有效应力

桩压入过程中桩周土径向应力的动态变化如图 3.18 所示。可见,总应力的变化与桩的贯入深度密切相关,规律类似于孔压的动态变化。即当桩端接近监测点深度时,径向总应力逐渐增大;当桩端达到相同深度时,总应力达到最大值;随着桩端的继续贯入,总应力逐渐减小。如此的变化规律也在离心机试验(如Leung 等,2001;Lee 等,2004)和现场试验(McCabe & Lehane,2006)中观测到。试验发现,径向总应力峰值随着离桩心距离的增大而逐渐减小。此现象与数值模拟中在桩端出现的"应力泡"现象是一致的(张明义,2003)。同时发现,沉桩引

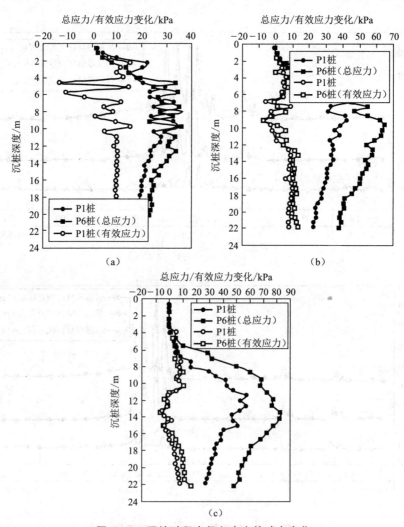

图 3.18　压桩过程中径向应力的动态变化

起的径向应力与深度或上浮压力密切相关,深度越大则径向应力越大。此现象与理论分析的结果(图 4.5 和图 4.6)相吻合。

尽管总应力的动态变化与孔压的动态变化趋势是相似的,但也有所差异:① 总应力受压桩影响的竖向范围为 $14 \sim 16d$,此值大于孔压的 $12d$。唐世栋(2002b)也观测到了类似的现象;② 在浅层处径向总应力随深度增长的速度明显大于孔压,随着深度的增加逐渐变缓。

径向总应力的变化值与孔压变化值之差即为有效径向应力的变化,如图 3.18 所示。令人惊讶的是,桩端接近时,径向有效应力迅速减小,意味着此时孔压的增长速度已超过总应力增长速度;当桩端达到相同深度时,有效应力甚至已减小为负值。此现象或也可用土体的水力压裂原理进行解释,开裂处或出现负有效应力;当桩体的进一步贯入时,有效应力逐渐增大,后期稳定于 $10 \sim 15$ kPa 范围内,意味着土体的挤密。

采用连续球孔扩张模型计算时所采用参数如表 3.3 所示。其中,剪切模量 G 采用公式(3.88)和公式(3.89)估算得出,压缩模量 E_s 采用勘察报告中的建议值(如表 3.1);IFR 的变化如图 2.3 所示;桩土界面摩擦角 δ 和侧阻退化系数 ζ 的取值方法在 2.5.4 节中进行了讨论。采用 3.2 节所述模拟计算方法得到的结果与实测值的对比如图 3.19 所示,总体而言,两者较为吻合。

$$G = \frac{E}{2(1+\mu)} \tag{3.88}$$

$$E = E_s\left(1 - \frac{2\mu^2}{1-\mu}\right) \tag{3.89}$$

表 3.3　模拟计算参数取值

桩土界面摩擦角 $\delta/(°)$		剪切模量 G/MPa		剪胀角 $\Psi/(°)$	泊松比 μ	每压贯入度 h_i/m	侧阻退化系数 ζ
砂质粉土	黏质粉土	砂质粉土	黏质粉土				
27	26	6	5	3	0.35	1.8	0.25

3.3.3.3　水平和竖向位移

图 3.20 为 S2 记录到的施工期内土体向桩群外水平移动的情况。可见,沿深度最大的水平位移发生于地坪下 3.0 m 处,位于黏质粉土层中,说明水平位移会发生在渗透系数最小的土层中,而与深度无直接关系。此最大水平位移在施工第一天时仅为 2.0 mm,施工结束时已超过 13.0 mm。深度 3.0 m 以下,水平位移值沿深度逐渐减小,25 m 处基本衰减至零。此现象与柱孔扩张计算的结果相差甚远(如,Vesic,1972;Ladanyi & Foriero,1998),采用后者计算得到的水平位移沿深度是恒定的。水平位移在观测的最后 10 天发生了明显的回弹,此现象

已无法用固结理论进行解释,笔者认为主要归因于土颗粒的重新排列。

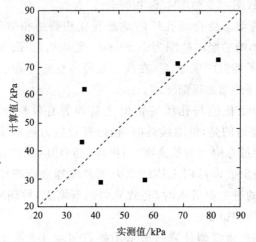

图 3.19　径向总压力试验值与计算值对比

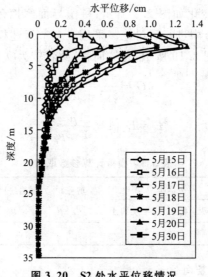

图 3.20　S2 处水平位移情况

　　图 3.21 显示的是 P7 桩压入过程中,其周围地面竖向位移的变化。压桩过程中,桩体的拖带效应导致桩壁周围出现沉陷区,浅层处桩壁与土体之间出现脱离,形成了深约 0.5 m 的孔缝,降低桩侧摩阻力。Poulos & Davis(1980)在试验中也发现了类似的现象,但孔缝的深度有所差异。Yang 等(2006)建议通过在孔缝处填砂来处理,并在实际工程中进行了应用,效果明显。

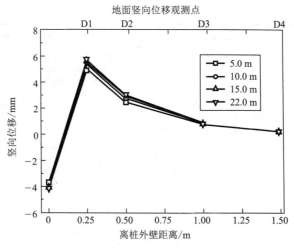

图 3.21　桩周竖向位移

试验发现,最大地面竖向位移出现于桩壁以外 0.5 倍桩径处,此范围以外位移量逐渐减小,影响范围为 3 倍桩径。同时发现,多数的竖向位移发生于桩基在浅层贯入时,后期由于上覆土压力的作用,地面隆起量基本保持恒定。应变路径法(SSPM)主要用于研究实体桩和闭口桩在不排水条件下的贯入问题,Sagaseta & Whittle(2001)提出的地面隆起量(δ_z)计算表达式如下所示:

$$\delta_z = -\frac{R^2}{2} \times \left(\frac{1}{r} - \frac{1}{\sqrt{r^2 + L^2}} \right) \tag{3.90}$$

式中,r 表示离开桩心的距离,R 表示桩的外径,L 为贯入深度。

试验值和计算值的对比情况如表 3.4 所示。可见,Sagaseta & Whittle (2001)的计算结果明显大于实测值,差异主要是由于 SSPM 法并未考虑土体的压缩和上覆土压力的影响。本书方法的计算值更接近于实测值,但也存在较为明显的差异,分析认为主要是以下原因:① 浅层处填土松散,压缩性强,吸收了大部分下层土的隆起;② 压桩机施加的荷载限制了地面的隆起。

表 3.4　试验值与计算值对比

数据来源	压桩深度 /m	桩侧监测点竖向位移/mm				
		D0	D1	D2	D3	D4
实测值	5.0	−3.72	4.91	2.43	0.84	0.26
	10.0	−4.11	5.43	2.74	0.87	0.27
	15.0	−4.11	5.66	2.90	0.88	0.27
	22.0	−4.11	5.74	3.04	0.88	0.27

续表

数据来源	压桩深度 /m	桩侧监测点竖向位移/mm				
		D0	D1	D2	D3	D4
Sagaseta & Whittle (2001)	5.0	118.75	35.49	18.94	9.82	5.05
	10.0	121.87	38.55	21.89	12.56	7.42
	15.0	122.92	39.58	22.92	13.55	8.37
	22.0	123.58	40.25	23.58	14.21	9.01
连续球孔扩张法 (本书)	5.0	28.24	14.98	9.27	5.44	2.55
	10.0	28.51	15.18	9.45	5.61	2.69
	15.0	28.53	15.19	9.46	5.61	2.70
	22.0	28.53	15.19	9.46	5.61	2.70

3.4 群桩挤土对基桩承载力影响的现场试验研究

3.4.1 试验概况

本次试验结合实际工程进行。试验地点位于浙江温州,场地以黏性土为主,土层物理力学性质见表3.5。工程采用 PHC-600(130)AB 型和 PTC-400(65)A 型两种预应力混凝土管桩。PHC-600(130)AB 型管桩的桩长为 60 m,持力层为含粉质黏土砂砾层,单桩极限承载力设计值为 6 130 kN,共计 710 根;PTC-400(65)A 型管桩的单桩极限承载力设计值为 1 830 kN,共计 1 132 根。

表 3.5 场地各土层的物理力学参数

层次	土层名称	层底埋深 /m	重度 γ/(kN·m^{-3})	含水率 w/%	孔隙比 e	塑性指数 I_p	液性指数 I_L	压缩模量 E_s /MPa	f_k /kPa	q_{sk} /kPa	q_{pk} /kPa
1-1	人工填土		17.2	52.4	1.445	21.60	1.130				
1-2	黏土	1.9	18.7	37.0	1.024	19.30	1.560	3.00	100	26	
3-1	淤泥	18.9~19.2	16.0	68.3	1.917	23.60	1.641	1.20	45	9	
3-2	淤泥质黏土	22.5~23.0	17.6	46.5	1.291	18.23	1.162	2.30	55	13	
4-1	黏土	24.1~25.0	18.9	34.8	0.960	16.53	0.667	5.00	100	33	
4-2	黏土	41.3~41.5	18.4	39.5	1.088	16.00	0.798	5.00	90	30	

续表

层次	土层名称	层底埋深/m	重度 γ/(kN·m^{-3})	含水率 w/%	孔隙比 e	塑性指数 I_p	液性指数 I_L	压缩模量 E_s/MPa	f_k/kPa	q_{sk}/kPa	q_{pk}/kPa
5-1	含圆砾粉质黏土	42.6～44.0	18.9	35.1	0.964	16.67	0.719	5.10	170	45	
5-2	黏土	46.2～52.0	18.5	36.8	1.016	16.94	0.753	5.23	100	33	
6-1	粉质黏土	53.1～55.0	19.4	31.3	0.860	17.04	0.423	6.42	200	70	2 000
6-2	黏土	59.0～59.3	18.6	36.6	1.011	16.76	0.750	5.23	140	44	1 500
7-1	黏土	59.5～63.9	19.2	32.1	0.899	17.66	0.434	6.62	160	66	2 100
7-2	黏土	60.9～62.4	18.3	39.2	1.097	18.73	0.725	4.80	130	50	1 400
8-1	含粉质黏土圆砾	65.0～67.2	19.7	24.6	0.720	7.93	1.030	9.74	170	60	4 000

3.4.2　静载荷试验结果对比

3.4.2.1　群桩施工前的单桩承载力

群桩施工前在场地边缘处静力压入了 9 根试验桩,并进行了静载荷试验。试验结果显示 9 根试验桩的 Q-S 曲线均呈缓变型,桩顶沉降量如表 3.6 所示。

表 3.6　群桩施工前试验桩的静载荷试验结果

桩号	最大加载量/kN	桩顶沉降量/mm	桩号	最大加载量/kN	桩顶沉降量/mm
A1	6 200	25.88	A6	6 200	26.89
A2	6 200	25.78	A7	6 200	26.45
A3	6 200	18.38	A8	6 200	19.69
A4	6 200	19.17	A9	6 200	22.36
A5	6 200	22.74			

3.4.2.2　群桩施工后的单桩承载力

待场地所有管桩施工完成后,又选取了 9 根工程桩进行静载荷试验。除 1 根承载力满足设计要求外,其余 8 根桩静载荷试验结果均远小于设计值。典型的工程桩 Q-S 曲线如图 3.22 所示。

从图中可以看出 Q-S 曲线均为陡降型,发生桩端刺入破坏,但曲线形状和陡降段起始位置不同,侧阻发挥程度不同。

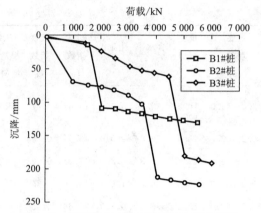

图 3.22　群桩施工后工程桩荷载-沉降曲线

B1♯桩在荷载水平较低时,沉降较小,表明桩周土受扰动较小,侧阻得到一定程度的发挥。但在加载至 2 000 kN 时曲线陡降,产生刺入破坏,沉降量达 105 mm,由此判定基桩的承载力为 1 500 kN。

B2♯桩在第一级荷载作用下即产生较大沉降,该桩小应变测试为Ⅰ类完整桩,表明桩周土受到严重扰动,土体结构性被破坏,强度降低。随着沉降增大,端阻有一定发挥,但在加载到 4 000 kN 时再次发生刺入破坏。判定基桩的承载力为 3 500 kN。

B3♯桩在荷载水平较低时,侧阻和端阻都得到了一定程度的发挥。在加载到 4 500 kN 时沉降陡降,沉降量达到 175 mm。判定基桩的承载力为 4 000 kN。

3.4.2.3　试验结果分析

对比先后两组静载荷试验的结果,说明群桩的施工导致了单桩承载力明显的降低。3 根试验桩的承载力平均值为 3 000 kN,仅为设计值的 48%。分析认为源于以下原因。

(1) 群桩挤土对地基土有不同程度的扰动,Bozozuk(1978)对敏感性海相黏土中预制混凝土群桩施工前后的观测表明,施工后现场地基土十字板剪切强度下降了 15%。

(2) 管桩的后续压入导致已压入桩产生上浮,引起桩端土体的严重破坏或者抬空。桩侧阻和端阻的发挥是耦合作用的,浮桩不但导致端阻下降,而且还使侧阻下降。张忠苗(2001)通过对桩端存在沉渣的钻孔灌注桩的试验研究也指出了这一点。

(3) 桩体沉入地基时,桩相对于土体向下运动,而当桩由于挤土而上浮时,产生相对于土体向上的运动,这种相对往返运动,破坏了桩土接触面的摩擦性能,使得桩土间摩擦力降低,侧阻下降。

（4）桩施工过程中同时还产生土体隆起，在施工结束后，土体在自重作用下再固结，对桩产生负摩阻力，将导致桩承载力的下降。

（5）第二组载荷试验的 $Q\text{-}S$ 曲线陡降到一定沉降量后，随着桩端土层的压密，承载力均有所回升。这说明桩承载力的下降主要是由于桩上浮引起的，通过压密桩端土，可以提高浮桩的承载力。

3.4.3　群桩浮桩规律研究

将压桩时的控制标高和压桩结束开挖后测得的桩顶标高的差值整理得到桩上浮量等值线图，见图 3.23。从图 3.23 及打桩施工记录可以看出，桩体上浮量与布桩密度、桩的平面布位和施工顺序密切相关。布桩越密，上浮量越大。压桩时基本遵循从中心向四周后退式打桩的原则，因此中间桩的上浮量较周围桩的上浮量要大。中上部的桩先于下部施工，其累计上浮量相对较大，后期施工的则要小一些。因此压桩时要避免相同方向上土体位移的叠加，如可采用在已有桩两相对方向上压桩的措施。

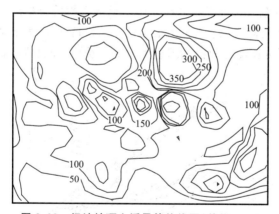

图 3.23　场地桩顶上浮量等值线图（单位：mm）

压桩过程中发现，在紧邻桩位压桩时，桩体上浮最明显；压入隔位桩而中间桩已施工时，桩体受影响较小。因此施工时尽量采用跳打，以发挥桩体的遮帘效应。

本次试验的最小桩中心间距为 2 100 mm，满足规范规定的 3.5D 要求。但从实测结果中可以看到，仍发生了较明显的挤土效应。Poulos(1994)建议在黏土中挤土桩中心间距不小于 3D，Bozozuk(1978)通过实测结果建议在敏感性黏土中挤土中心间距应不小于 5D。因此规范规定的挤土预制桩最小中心间距应考虑到土体性质和群桩效应的影响，在具有结构性的深厚软土中压入预制挤土桩，建议最小桩中心间距不小于 4D。

3.4.4 浮桩处理技术措施

对管桩产生的浮桩,目前工程中一般采用以下几种技术措施:① 对浮桩进行桩底(侧)后注浆;② 补管桩、钻孔桩或者静压锚杆桩;③ 基础处理,对底板进行加厚处理;④ 对浮桩进行复压或者复打;⑤ 复合地基处理,一般补打柔性桩。

每一种方法都有一定的适用性。考虑到本工程桩普遍上浮且上浮量较大,选取了注浆和复压两种方案进行试验对比。注浆过程中发现浆液易沿管桩内壁上冒,同时注浆压力较难控制。桩端持力层为粉质黏土,压力小注浆效果不明显,压力大容易引起桩体进一步上抬,而且注浆液量较大,增加了处理成本。静载荷试验也表明进行桩底后注浆效果不明显。从图 3.22 的 Q-S 曲线分析可以看到,在沉降到一定量后,随着桩端土被压密,浮桩的承载力均回升,所以综合比较采取了复压措施。复压时,凡上浮量超过 10 cm 的桩均进行复压,复压量等于或略大于上浮量。

复压后试桩 Q-S 曲线见图 3.24。从图中看出,复压后 Q-S 曲线由陡降型变为缓变型,单桩承载力大幅提高。在复压桩承载力检验合格后,开始上部结构的施工,同时进行了沉降观测。5 幢高层实测工后沉降平均值分别为 19、21、32、32 和 28 mm。说明复压能有效提高浮桩的单桩承载力,而且成本低。

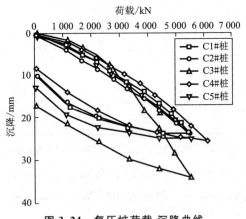

图 3.24 复压桩荷载-沉降曲线

3.5 沉桩挤土防治措施及实例

3.5.1 减少挤土效应的施工措施

(1)压桩场地内事先设置泄压孔和排水砂井;

（2）压桩场地四周设置隔挤沟、隔挤应力泄放孔等减小沉桩对周围环境的影响；

（3）合理的安排打桩顺序（如跳打）、打桩数量和进度；

（4）采用地下连续墙、搅拌桩或碎石桩等防渗防挤措施；

（5）加强挤土监测，包括土体的位移、应力和孔隙水压力。

3.5.2　挤土浮桩和偏位的处理措施

（1）桩身上浮。可采用打法入或压入法将上浮桩复位，复位后需检测桩身质量和承载力，并适当加强基础刚度。

（2）桩顶偏位和桩身倾斜。如桩身完好，可以在桩倾斜的反方向取土扶直，而后在桩身内重新放钢筋笼灌混凝土加固。

（3）桩身损伤。首先检测桩身损伤界面位置，根据损伤位置在管桩内芯重新下钢筋笼（笼长比界面深 3 m）并在桩孔内灌注混凝土。处理后需重新测定桩的承载力。

3.5.3　管桩挤土偏位处理实例

3.5.3.1　工程概况

工程采用开口混凝土管桩基础，总桩数为 198 根，其中 19 根为 PHC-500(100)，179 根为 PHC-600(110)。持力层为强风化凝灰岩，入持力层深度约为 0.6 m，单桩竖向承载力特征值 2 000 kN，工程地质情况见表 3.7。工程桩施工前试打了 3 根管桩，桩径 600 mm，桩长 42 m。试桩的静载荷试验结果如图 3.25和表 3.8 所示，竖向承载力满足设计要求。

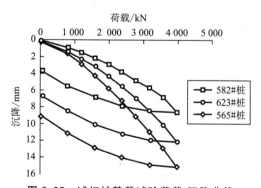

图 3.25　试打桩静载试验荷载-沉降曲线

表 3.7 场地各土层的物理力学参数

层次	土层名称	土层厚度 /m	含水量 w /%	重度 γ /(kN·m⁻³)	塑性指数 I_P	液性指数 I_L	黏聚力 c /kPa	摩擦角 φ /(°)	压缩模量 E_s /MPa	q_{sk} /kPa	q_{pk} /kPa
2-1	粉质黏土	0.5~1.8	30.0	18.7	9.2	0.89	26.9	26.0	10.35	13	
2-2	粉质黏土	0.8~1.4	36.6	18.1	15.0	0.91	27.0	10.9	3.77	11	
3	淤泥质粉质黏土	11.2~17.5	40.3	17.7	14.5	1.23	18.6	12.1	3.25	7	
4-1	粉质黏土	3.0~6.3	28.9	19.0	13.6	0.56	33.3	14.4	5.99	18	
4-2	粉质黏土	0.5~1.5	33.3	18.3	11.8	1.05	22.8	16.3	5.12	16	
4-3	粉质黏土	3.2~5.5	28.1	19.2	14.5	0.43	50.7	16.5	4.51	23	
5-1	淤泥质粉质黏土	5.0~7.0	37.8	18.1	14.0	1.14	20.8	13.5	3.66	9	
5-2	粉质黏土	0~1.5	25.3	19.2	9.5	0.68	36.0	24.2	7.49	25	
5-3	粉质黏土	0~3.5	25.6	19.4	16.5	0.16	55.0	16.0	7.35	28	
5-4	粉质黏土与粉土粉砂互层	2.4~3.0	25.2	19.3	10.1	0.75	30.5	22.5	7.23	24	
5-5	粉质黏土	2.5~3.5	30.6	18.7	13.4	0.8	32.9	15.4	5.18	18	
6-1	粉质黏土	3.0~5.5	28.5	19.1	13.9	0.52	44.7	16.0	6.32	25	1 200
6-2	粉质黏土	0~1.5	22.0	19.7	14.5	0.17	54.2	17.5	7.68	32	1 500
7a	粉砂	0~1.2			23.0		15.0	38.8		35	
7	粉质黏土混质粉土	1.5~5.5	22.3	19.8	10.8	0.62	36.4	18.4	6.88	24	
10-1a	强风化泥质砂岩	1.0~2.0								45	2 000
10-1b	强风化凝灰岩	1.0~3.0								50	2 500
10-2a	中风化泥质砂岩	未钻透									

表 3.8 试打桩静载试验成果

桩号	桩长 /m	桩径 /mm	混凝土标号	龄期 /天	极限承载力 /kN	最大试验荷载下沉降量/mm	桩顶残余变形 /mm	回弹率 /%
623#	42	600	C80	14	≥4 000	12.17	6.57	46.01
565#	42	600	C80	11	≥4 000	15.22	9.11	40.14
582#	42	600	C80	12	≥4 000	8.60	3.70	56.98

3.5.3.2 工程桩损伤检测

管桩静压施工完毕后,采用挖土机挖土(挖土时东南面边坡出现失稳),挖至 1 层地下室底板垫层底后,发现近 100 根工程桩出现了桩顶偏位。低应变动测发现偏位桩桩身有不同程度的损伤,部分桩桩身出现断裂。低应变动测显示,在 198 根工程桩中,仅有 33 根工程桩桩身基本完整(Ⅰ类桩),占总桩数的 16.7%;有 79 根桩桩身存在裂缝,桩身已经有明显的缺陷,为Ⅲ类桩,占总桩数的 39.9%;报废桩为 9 根,占总桩数的 4.55%;其余为Ⅱ类桩,占总桩数的 43.4%。低应变动测显示偏位桩桩身缺损部位大多在距离桩顶 7~12 m 处。

选取具有代表性的桩身存在损伤的 634# 桩进行静载荷试验。试验结果显示,桩顶荷载由 1 800 kN 增加到 2 000 kN 时,桩顶位移由 11.77 mm 急剧增加到 51.10 mm,卸载后桩顶残余变形较大,达到 46.94 mm,桩顶回弹率仅为 8.1%,低应变动测显示距离桩顶约 10 m 处发生了断裂。根据 Q-S 曲线可以判定偏位未处理预应力管桩 634# 单桩极限承载力约为 1 800 kN,为原设计极限承载力(4 000 kN)的 45%。可以看出,工程桩偏位造成了预应力管桩承载力的显著降低。

3.5.3.3 工程事故原因分析

(1)预应力管桩的压入会引起桩周土体的水平和竖向位移以及超孔隙水压力的积聚。由勘察结果可知,本场地距离地表约 3.0 m 以下有一层厚为 11.0~17.0 m 的淤泥质粉质黏土,该层土体含水量高、渗透性差、强度低。静压桩施工中,此层地基土中的超孔压逐渐积累,土体未能产生有效压缩。此时,被挤出的土体只能向外沿水平向和竖向涌动,对已沉入桩产生巨大的推挤作用。预应力管桩抵抗水平荷载的能力有限,在挤土效应产生的侧向推力的作用下,预应力管桩易产生管桩的偏位和桩身的损伤甚至断裂。这也是预应力管桩的裂缝位于桩顶以下 7~12 m 范围的原因。

(2)本工地静压桩机的自身重量大于表层地基土的承载力,静压式打桩机在移动过程中,由于压桩机长腿(对地的压力较小)、短腿(对地的压力较大)对地压力差引起的土体挤压也是导致已压入桩产生偏位的原因。

（3）基坑开挖时，没有严格的遵循"分层开挖，先支护后开挖"的原则，基坑的失稳所产生的土体侧向位移和挤压力也加剧了桩基的偏位和损伤。

（4）基坑开挖过程中，由于挖土机的操作不当，造成挖土机械对预应力管桩产生碰撞，也会造成预应力混凝土管桩的偏位和损伤。

3.5.3.4 管桩的纠偏补强方案

针对工程事故的特点，决定对桩顶偏移值超过 0.5 倍桩径（300 mm）的预应力管桩进行处理：偏位较大的 Ⅱ 类桩及桩身有损伤裂隙的 Ⅲ 类桩需要进行纠偏和补强；其中 9 根严重偏位断裂的管桩，由于单桩竖向承载力严重不足，确定为废桩，进行补桩。

预应力管桩桩顶偏位、桩身损伤、断桩处理方案一般包括以下步骤。

第一步：挖至垫层底以后，先测量每根管桩的桩顶偏位情况，绘出管桩偏位的等值线图。

第二步：对所有管桩进行低应变动测，判断桩身损伤情况及缺陷部位。

第三步：根据偏位和损伤情况采取有针对性的处理措施。对严重偏位且断裂的桩进行补桩处理；对偏位超过规范值但桩身质量完好的桩进行扶正处理；对于偏位较大且桩身有损伤的桩进行先纠偏扶正，并在管桩内放钢筋笼灌混凝土芯加固处理；对群桩大面积偏位损伤部分，由于处理后承载力达不到设计要求需要采用补钻孔桩处理（在开挖至地下室垫层底时补打预应力管桩施工困难）。

本工程偏位损伤桩的具体纠偏及补强处理方法如下。

（1）用地质钻机在管桩偏位的反方向一侧钻孔，纠偏扶正。

（2）清理倾斜损伤管桩内的杂土及污水至缺陷界面以下 4 m 处，然后在管桩内孔放置钢筋笼至缺陷界面以下 3 m 处，钢筋笼配主筋 6Φ22，并应将断裂位置上下 1.5 m 的范围内箍筋加密。钢筋笼底端焊上 5 mm 厚的铁板，钢筋笼顶端用加长筋固定在桩顶。

（3）在管芯中灌注 C40 商品混凝土，使灌芯与原混凝土管壁紧密结合，如图 3.26 所示。

对于断桩和偏位桩处理后不能满足承载力的，采用钻孔灌注桩补桩处理。本工程采用 Φ500 钻孔灌注桩进行补桩，共补桩 15 根，桩端以 10-2a 层中风化泥质砂岩为持力层，要求桩端进入持力层不小于 1 倍桩径，有效桩长 43～44 m，具体桩长根据地质资料确定。设计要求单桩竖向承载力特征值 2 000 kN，桩身采用 C25 砼，纵筋采用 8Φ16（通长布置），箍筋为 Φ8@150，混凝土充盈系数控制在 1.10～1.30 范围内。桩底混凝土中加入掺量在 12%～15% 的 PEA 灌注桩膨胀剂，主要作用是扩大桩端，挤压桩底沉渣，提高承载力。图 3.27 为补桩和偏位桩桩位图，图中黑点为偏位桩，BJ-1 桩为补桩。

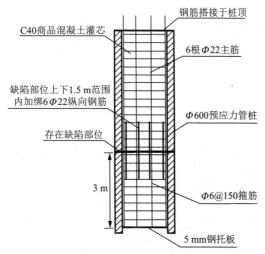

图 3.26　管桩灌芯加固示意图

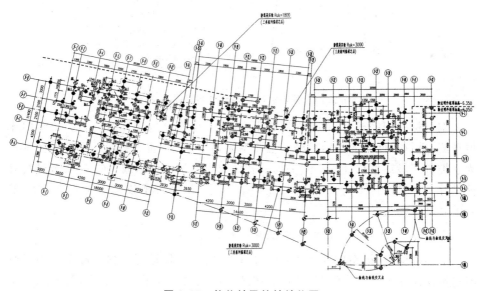

图 3.27　偏位桩及补桩桩位图

3.5.3.5　处理效果的试验对比

对两根偏位处理后的桩 565# 和 573# 进行了第二次静载试验,静载试验结果见表 3.9 和图 3.28。

从表 3.9 和图 3.28 可以看出,对偏位较大且桩身有损伤的桩进行先纠偏扶正,并在管桩内放钢筋笼灌混凝土芯加固处理后极限承载力约为 3 000 kN,为原设计极限承载力(4 000 kN)的 75%。Ⅲ类偏位桩经加固处理后变成为Ⅱ类桩,达到了处理的目的。

表 3.9　偏位处理桩静载试验成果

桩号	桩长 /m	桩径 /mm	混凝土 标号	龄期 /天	极限承载力 /kN	极限荷载 下沉降量/mm	桩顶残余变形 /mm	回弹率 /%
565#	42	600	C80	184	3 000	26.30	15.88	39.62
573#	42	600	C80	195	3 000	31.13	20.20	35.11

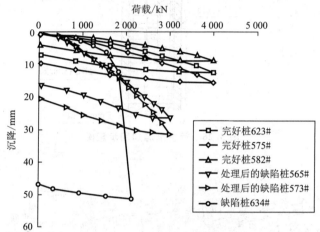

图 3.28　处理后的缺陷管桩荷载-沉降曲线

　　偏位桩处理完毕后,对加固后的Ⅲ类桩(其中有 6 根加固后的Ⅲ类桩暂时未做动测)进行了低应变动力复测。检测结果显示,67 根Ⅲ类根经加固处理后变成为Ⅱ类桩。最终偏位处理桩的平均承载力取原设计单桩承载力的 60% 来进行补桩设计。补桩进行了高应变动测,证实钻孔灌注桩补桩承载力达到设计要求,然后做基础板施工。

3.5.3.6　高层建筑基础实测沉降分析

　　本工程偏位、损伤桩按上述方法进行处理后,大楼进行了整体施工。为了解该建筑物在施工过程中的沉降情况,在建筑物四周布置了若干沉降观测点,并从2007 年 12 月大楼第 1 层建造开始监测,每层监测,到 2008 年 10 月第 18 层建造完成为止,取得了大量的沉降监测数据。本书选取该建筑物 6 层、12 层和 18 层完成时所有测点沉降数据,并将这些数据绘制成沉降等值线图,如图 3.29 所示。

　　从沉降等值线图可以看出,该建筑物第 6 层完成时最大沉降为 3.5 mm,最小沉降为 2.0 mm,最大差异沉降为 1.5 mm;第 12 层完成时,最大沉降为9.0 mm,最小沉降为 6.0 mm,最大差异沉降为 3.0 mm;第 18 层完成时最大沉降为 13.0 mm,最小沉降为 9.0 mm,最大差异沉降为 4.0 mm。实测沉降资料显示该大楼沉降较小,且沉降较为均匀,满足使用要求,说明该建筑物管桩偏位、损伤经过纠偏扶正、灌芯补强及补桩处理后的效果达到了预期目的。

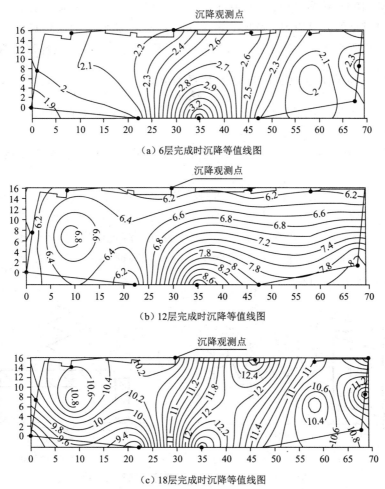

（a）6层完成时沉降等值线图

（b）12层完成时沉降等值线图

（c）18层完成时沉降等值线图

图 3.29 大楼沉降等值线图（沉降单位：mm；基础尺寸单位：m）

3.6 基于恒刚度剪切试验的侧阻退化效应研究

3.6.1 侧阻退化效应概述

随着预制桩的持续下沉，桩侧某处的摩阻力值会发生明显的减小，Heerema（1980）称此现象为"侧阻力疲劳退化"。学者 White & Lehane(2004)、Lehane & White(2005)、Gavin & O'Kelly(2007)等对此先后进行了一定的研究。侧阻退化属于挤土效应的范畴。

侧阻退化主要源于沉桩过程中桩侧径向有效应力和摩擦角的不断减小。Randolph(1994)认为,沉桩过程中桩土界面的往返剪切导致水平土压力系数降低是侧阻退化的主要原因。White & Lehane(2004)将侧阻的退化归因为桩土界面循环剪切所产生剪切区土体的减缩。可见,侧阻退化与剪切循环密切相关。

3.6.2 恒刚度剪切试验与桩-土体系的类比

恒刚度(CNS)剪切试验技术最早是基于嵌岩桩的研究而研发的(Johnston 等,1987)。

近年来,此试验方法逐渐被用来研究单调或循环加载下桩土界面的剪切性状(Fioravante,2002;DeJong 等,2003)。

根据沉桩过程中受扰动的程度可将桩侧土分为三个区域,分别为塑性区、弹性区和未扰动区(White & Bolton,2002)。塑性区紧贴桩身,在沉桩过程中土体结构发生破坏,经历显著的剪切变形。弹性区虽受沉桩的影响,但土体保持弹性变形。桩土界面的剪切行为以及桩侧土体的变形特征可采用恒刚度剪切试验进行类比,如图 3.30 所示。

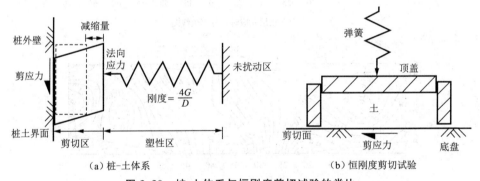

图 3.30　桩-土体系与恒刚度剪切试验的类比

在恒刚度剪切试验中,上剪切盒中的土样可模拟桩侧土的剪切区;底盘可采用混凝土或钢材,用以模拟相同表面粗糙度的桩身;连接顶盖且上部固定的弹簧可模拟桩侧弹性区对塑性区的法向作用。因此,由于塑性区厚度的变化(剪缩或剪胀)导致的桩侧法向应力的变化,可根据弹簧的原理得到(Lehane & White,2005):

$$\Delta\sigma_h = k \cdot \Delta t \tag{3.91}$$

参数 k 表示弹簧的刚度,可采用以下表达式得出(Boulon & Foray,1986):

$$k = \frac{4G}{D} \tag{3.92}$$

其中,D 为桩径,G 为桩侧土的剪切模量。

　　桩侧摩阻力的退化与桩体界面的剪切循环数是密切相关的。本节通过恒刚度剪切试验来揭示循环剪切对土与结构物剪切性状的影响,进而类比研究不同剪切循环次数下的侧阻退化现象。

3.6.3　恒刚度循环剪切试验

3.6.3.1　恒刚度循环剪切仪的研制

　　恒刚度循环剪切仪是在传统直剪仪的基础上改制而成,如图 3.31 所示。上剪切盒的直径和高度分别为 3 cm 和 1.5 cm,其下为 5 cm × 5 cm 混凝土底盘,替代原有的下剪切盒。底盘的表面粗糙度约为 0.01 mm,接近混凝土管桩外壁的表面粗糙度。

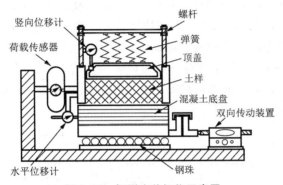

图 3.31　恒刚度剪切仪示意图

　　顶盖上部安装一组弹簧,弹簧上部固定,以此实现恒刚度的法向应力。上剪切盒相对底盘的水平剪切位移以及顶盖的竖向位移通过位移传感器测得,剪切速度则通过电动马达来控制。上剪切盒侧面安装荷载传感器以测读水平剪切荷载。弹簧的初始压缩量(类比不同的初始桩侧法向应力)可通过控制螺杆体系来实现。

3.6.3.2　试验材料

　　试验采用原状的黏质粉土,取自杭州下沙,指标如表 3.10 所示。桩外侧土体的刚度与桩径和土体的剪切模量相关,Fahey 等(2003)认为桩侧土的 G 值应取为 $0.4G_0$(G_0 为未扰动土体的剪切模量)。对于直径 400 mm 的混凝土管桩,桩侧为硬质黏质粉土时的剪切模量为 $10 \sim 100$ MPa,因此在试验中设定 10 MPa 和 20 MPa 两组剪切模量。采用的两组弹簧的刚度分别为 200 kPa/mm 和 100 kPa/mm,弹簧的初始压缩量分别为 2 mm 和 4 mm,初始应力均为 400 kPa。

表 3.10　试验用黏质粉土的参数

天然含水量 $w/\%$	天然重度 $/(\mathrm{kN \cdot m^{-3}})$	孔隙比 e	塑性指数 I_p	液性指数 I_L	内摩擦角 φ $/(°)$	黏聚力 c $/\mathrm{kPa}$	压缩模量 E_s $/\mathrm{MPa}$
28.1	18.50	0.882	9.3	1.11	29.8	16.2	15.9

3.6.3.3　试验设置及试验结果

先后进行两组恒刚度剪切试验,每组试验包括 30 个剪切循环,剪切速度为 0.8 mm/min。张忠苗(2007a)认为充分调动桩侧摩阻力的相对位移为 2～10 mm,因此此处采用 2.0 mm 的剪切位移。

图 3.32 为恒刚度为 200 kPa 时,不同剪切循环数时的剪应力变化情况。可见,随着总剪切循环的增加,剪应力发生了明显的衰退,并且主要衰退发生在前 10 个循环中。第 1 个循环时对应剪切位移 2 mm 的最大剪应力为 134 kPa,而在第 10、20 和 30 个循环时的数值已降低到 78 kPa、54 kPa 和 45 kPa。图 3.33 是恒刚度为 200 kPa 时,不同剪切循环数时的竖向应力变化。可见,循环剪切使土样发生了明显的剪缩,且随着剪切循环数的增加减缩的速度逐渐变缓。30 个剪切循环后总的减缩量为 1.45 mm。

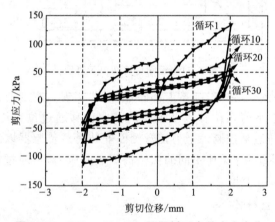

图 3.32　CNS = 200 kPa 不同循环中剪应力变化

图 3.34 为最大剪应力与竖向应力随剪切循环数的降低情况。可见,两组数据点的变化趋势是相似的,均接近指数性分布。剪应力是正应力、摩擦角和黏聚力的综合体现,而土与结构物接触面的黏聚力在动态剪切时是非常小的,如将其忽略,摩擦角随循环剪切数的变化情况如图 3.35。可见,摩擦角随循环数也发生了大幅度的降低,23 个循环后降低为 6.8°,此后基本保持稳定。分析认为,摩擦角的降低是由于剪切过程中土样中挤压出的水积聚于混凝土表面所起的润滑作用导致的。说明,剪应力的降低不只源于正应力的降低,而且与摩擦角的降低也

密切相关。

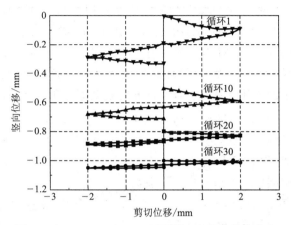

图 3.33　CNS ＝ 200 kPa 不同循环中竖向位移变化

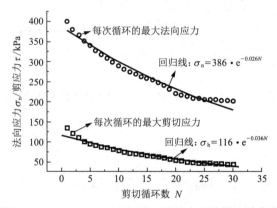

图 3.34　CNS ＝ 200 kPa 法向/剪切应力随循环的变化

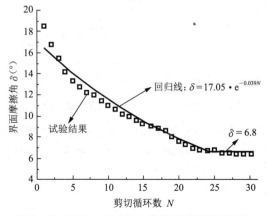

图 3.35　CNS ＝ 200 kPa 摩擦角随循环的变化

图 3.36 和图 3.37 分别为恒刚度为 100 kPa/mm 时剪应力、正应力和摩擦角的变化情况。可见,试验结果与恒刚度为 200 kPa/mm 的结果较为相似,也呈现指数型衰退,但退化幅度前者小于后者。第 30 个循环时的残余剪应力和正应力分别为 61 kPa 和 234 kPa,分别大于恒刚度为 200 kPa/mm 时试验结果的 53% 和 16%。摩擦角在前 23 个循环时发生明显的衰退,此后变化较小,基本保持在 13.8°,此值是恒刚度为 200 kPa/mm 时残余摩擦角的 2 倍。

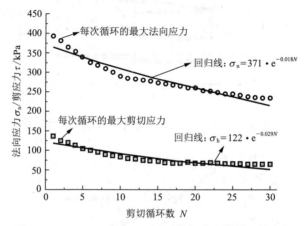

图 3.36 CNS = 100 kPa 法向/剪切应力随循环的变化

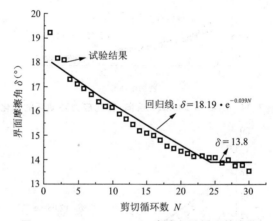

图 3.37 CNS = 100 kPa 摩擦角随循环的变化

可见,桩与结构物界面的剪应力和法向应力随剪切循环的增多均呈指数型衰退,约 30 个循环后基本保持稳定,且法向刚度越大衰退幅度越大。

3.7　本章小结

本章通过粉土地基中的足尺桩试验和建模解析计算研究了开口管桩的挤土效应,并通过实例分析讨论了挤土效应的防治措施,总结如下。

(1) 建立开口管桩挤土效应模拟解析计算模型。将桩体的贯入过程模拟为一系列球孔的扩张,根据体积等价的原则得出球孔的数量,并采用源源法和源汇法解答得出半无限体中球孔扩张的位移场和应力场。模型中充分考虑了沉桩过程中土塞效应和桩侧摩阻力对应力场和位移场的影响。现场足尺桩试验验证了该计算模型的可靠性。

(2) 在粉土地基中进行了静压开口混凝土管桩挤土效应的现场足尺试验,研究发现:

① 地基土中的孔压随着桩体的贯入逐渐增大,当桩端达到其相同深度处时增大至最大值,而后随着桩的继续贯入而迅速减小,孔压受桩体贯入影响的竖向范围为 12 倍桩径;桩壁处的超孔隙水压力峰值约为上覆有效应力的 1.18 倍,超孔隙水压力沿径向呈对数型衰减,影响范围约为 14.5 倍桩径。

② 沉桩过程中地基土径向总应力的最大值出现在桩端达到其相同深度处时,径向总应力受桩体贯入影响的竖向范围为 14~16 倍桩径。由于土体的水力压裂,沉桩过程中桩端水平面内出现负有效应力,沉桩结束时的有效应力为 10~15 kPa。

③ 沉桩过程中地基土的最大水平位移发生于渗透系数最小的土层中。地基土的竖向位移主要发生于桩的浅层贯入阶段,最大地面隆起量约为 6 mm,出现于桩壁外侧 0.5 倍桩径处,此范围以外隆起量逐渐减小,影响范围为 3 倍桩径。

(3) 黏性土地基中的静载荷试验显示,群桩挤土使单桩的承载力降低约 50%,源于群桩施工造成的桩体上浮和地基土结构破坏。对因严重挤土造成的开口管桩的偏位和桩身损伤断裂,可采用纠偏后在桩内芯放钢筋笼灌芯加固的处理措施,静载试验及长期沉降观测证明了此方法的可行性。

(4) 采用恒刚度剪切试验来模拟研究沉桩过程中的摩阻力退化现象。研究发现,桩土接触面的剪应力随剪切循环的增多呈指数型衰退,约 30 个循环后基本保持稳定,且法向刚度越大衰退幅度越大。

第**4**章

开口管桩承载力时间效应试验及理论研究

4.1 引　言

预制桩沉桩完成后,承载力随休止期的延长会产生变化,一般达到稳定值所需的时间为几十天甚至数年,此现象称为承载力"时间效应"。此现象最早由学者 Wendel 在 1900 年发现。承载力时间效应与桩身尺寸、桩身材料、成桩工艺、地质条件等关系密切。承载力时间效应包括承载力随时间提高和降低两种情况。

承载能力随时间降低的现象称为"relaxation",此方面的报道为数不多,集中在 Yang(1970)、Thompson 等(1985)、York 等(1994)等几篇文献中,主要包括以下几种情况。

(1) 桩间距非常小,沉桩过程中产生的应力在后期产生一定幅度的释放。

(2) 在饱和的密实粉砂土中沉桩产生负孔隙水压力,后期孔隙水压力消散,径向应力降低。

(3) 软弱沉积土或变质岩(如页岩),应力因蠕变而释放。

多数情况下承载力随时间呈增长趋势,国外的研究称之为"set-up",因此本书后续所述时间效应均指承载力的提高。对静压预应力混凝土管桩承载力的时间效应进行探讨的研究意义和工程应用价值体现在以下 5 个方面。

(1) 建立桩承载力增长理想模型,探讨不同地质条件下承载力时间效应的机理。

(2) 明确开口桩和闭口桩承载力增长规律的差异。

(3) 确定承载力随时间的变化规律,合理地确定终压力,从而经济合理地选择施工机械和确定桩身尺寸,节约成本。

（4）根据终止压力与极限承载力的关系,合理的确定静载试验的时间。

（5）通过试验研究和理论分析,对现有桩基设计方法进行优化。

4.2　国内外研究成果汇总

图 4.1 归纳了国内外部分试验中单桩承载力随时间变化的数据。其中横坐标为 $\lg(t/t_0)$，t_0 为初次确定承载力的时间；纵坐标为 Q_t/Q_0，即变化后的承载力值与初始承载力的比值。可见虽然数据点具有较大的离散型,但承载力的增长率基本处于每时间对数循环 $15\%\sim65\%$ 之间。基于试验成果,研究人员提出了众多预测承载力增长的经验公式,部分具有代表性的公式总结于表 4.1 中。其中,Skov & Denver(1998)提出的对数型关系式（表 4.1 中公式(4.1)）得到国内外最为广泛的认可。

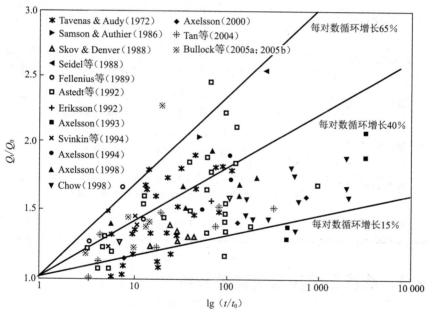

图 4.1　部分国内外试验单桩承载力随时间的变化

表 4.1　承载力时效预测公式

编号	文献	公式	土的类型
(4.1)	Skov & Denver (1988)	$Q_t = Q_0[A\lg(t/t_0)+1]$ 其中,Q_t 为 t 时刻的承载力；Q_0 为 t_0 时刻的承载力； A 为时效系数、t_0 为承载力随时间对数开始线性增长的时刻	砂土和黏土

续表

编号	文献	公式	土的类型
(4.2)	Huang(1988)	$Q_t = Q_{EOD} + 0.236[1 + \lg(t)(Q_{max} - Q_{EOD})]$ 其中，Q_t 为 t 时刻的承载力；Q_{EOD} 为沉桩结束时的承载力； Q_{max} 为最大承载力	软土
(4.3)	Zhu(1988)	$Q_{14} = (0.375S_t + 1)Q_{EOD}$ 其中，S_t 为土的敏感度；Q_{14} 为 14 天时桩的承载力	粉粒状土
(4.4)	Bogard & Matlock (1990)	$Q_t = Q_u \left[0.2 + \left(\dfrac{\frac{t}{T_{50}}}{1 + \frac{t}{T_{50}}} \right) \right]$ 其中，Q_t 为 t 时刻的极限承载力；Q_u 为增长结束后的承载力； T_{50} 为承载力增长 50% 所需的时间	黏土
(4.5)	Svinkin 等(1994)	$Q_t = 1.4Q_{EOD}t^{0.1}$ 上限 $Q_t = 1.025Q_{EOD}t^{0.1}$ 下限	砂土
(4.6)	Long 等(1999)	$Q_t = 1.1Q_{EOD}t^{0.13}$ 上限 $Q_t = 1.1Q_{EOD}t^{0.05}$ 下限	砂土、黏土、层状土
(4.7)	陈书申(2001)	$q_{sk} = q_{sk0} + 1.8 \times 35^{(1-0.35/t)}t^{0.08}$ 其中，q_{sk} 为 t 时刻的摩阻力；q_{sk0} 为沉桩结束时的摩阻力	饱和黏性土
(4.8)	胡琦等(2006)	$p_{ut} = [a \cdot \ln(t) + b] \cdot p_{u0} + p_{u0}$ 其中，P_{ut} 为 t 时刻的承载力；P_{u0} 为初始承载力	软黏土
(4.9)	张明义(2009)	$q_t = q_0[0.3\lg(t) + 2.8]$ 其中，q_t 为 t 时刻的摩阻力；q_0 为沉桩结束时的摩阻力	软土
(4.10)	桩基工程手册	$Q_{ut} = Q_{u0}\left(1 + \dfrac{t}{at + b}\right)$	饱和黏性土

4.3 承载力时间效应机理分析

预制桩承载力的时间效应是多方面因素耦合作用的结果，机理较为复杂。对于实体桩和闭口桩，承载力的增长主要源于桩身下部摩阻力的增长，桩端阻力的增长微乎其微，

此观点已得到学术界的广泛认可（如 Fellenius 等，1992；Axelsson，2000；Bullock 等，2005b）。本书第 2 章试验部分说明土塞随固结的发生其承载力会随之增长，但基于土塞端阻所占比例有限，土塞对承载力增长的贡献在本章研究中暂不考虑。因此，对开口桩的承载力时间效应机理进行分析时，也主要考虑桩侧

土体对承载力的影响。

（1）土的固结作用（Consolidation Effect）：沉桩引起很大的超孔隙水压力，沉桩后随着超孔隙水压力的消散土体逐渐固结，作用于桩身的径向有效应力逐渐增大，桩的承载力随之增长。沉桩后的初始阶段超孔隙水压力消散较快，桩的承载力增长也快；随着休止期的增加，超孔隙水压力逐渐减小，其消散速度和土体固结速度也逐渐减小直至最后停止。部分研究发现，土的固结增长率和桩基承载力的增长率基本同步，土的固结作用被认为是影响承载力时效最主要的因素（孙更生、郑大同，1984）。

（2）土的触变恢复（Recover Effect）：桩周土在沉桩过程中受到扰动，强度降低，经过一定时间的休止后，土的触变作用使损失的强度得到恢复，甚至超过初始强度。Fleming 等学者（1992b）试验发现，经过足够的休止期土体的强度最大可达到原始强度的 130%；Ng 等（1988）指出在现场埋藏条件下，扰动土静置几天后可恢复至原状强度的 60%～80%；李雄等（1992）通过对重塑饱和软土进行不同休止时间的 UU 三轴试验发现，静置 20 天可使重塑土体的内聚力增加约 50%。触变恢复效应主要发生在软土地基中。

（3）土壳效应（Shell Effect）：沉桩过程中紧贴桩身会形成带状的强烈重塑区，此区域内的土体结构完全破坏，后期经固结和触变恢复效应，紧靠桩身表面会形成厚度为 3～20 mm 的"硬壳"，其强度将高于原状土（Randolph 等，1979）。因此，当桩受荷发生竖向位移时，其剪切破坏面往往不是发生在桩土接触面，而是发生在硬壳面上或内部，在一定程度上增加了桩土的接触面积和桩身的粗糙度，提高了承载能力。

（4）蠕变效应（Creep Effect）：如前所示，沉桩过程中拱效应是砂土中预制桩侧阻退化的主要原因。沉桩结束后，蠕变效应发生，应力逐渐释放，土颗粒重新排列，径向应力逐渐增大。Ng 等（1988）通过在足尺桩桩身安装土压力测试元件进行试验发现，土体作用于桩身的水平向应力随时间呈对数型增长，作者将其归因为土体应力释放产生的土体的"挤压"作用。Ekström（1989）通过模型钢桩试验发现相似的规律，水平向应力在静置 10 天后增加 5%～10%。

（5）老化效应（Ageing Effect）：土体的强度、刚度及膨胀性随时间发生的长期增长（Axlesson，2000），此效应是承载力后期（如数月甚至数年后）增长的主要原因。老化效应的产生主要因为：① 土颗粒间胶结作用的发展，导致黏聚力的增加（Charlie，1993）；② 土颗粒重排列产生内锁效应，导致摩擦力的增加（Schmertmann，1991）；③ 次固结效应。老化效应可降低土的压缩性（Axelsson，1998），增加桩土间的摩擦角（McVay，1999）。

土体触变恢复与老化效应的相互关系众说纷纭。部分学者将触变恢复归为老化效应的范畴(Schmertmann,1991);但多数学者认为两者是不同的,主要基于概念和机理上的差异。作者认同后者的观点,在此将两者归列为不同的效应。

基于 Komurka 等(2003)的研究,承载力的增长可分为 3 个阶段,如图 4.2 所示。

(1)阶段 1:超孔隙水压力随时间对数呈非线性消散。桩贯入后,桩周土体受到严重扰动,此时产生的超孔隙水压力随时间的消散不符合传统的固结理论;此阶段,扰动后的黏性土的强度得到部分恢复,而砂土中形成的土拱效应也会因应力释放得到一定的消退;未形成土壳,加载时破坏面发生于桩土界面上。此阶段难以建立理论模型进行分析。

此阶段持续的时间与桩和土的类型密切相关,与 Skov & Denver 预测公式中 t_0 的时间是一致的。Skov & Denver(1988)建议黏土和砂土的 t_0 分别取为 1 天和 0.5 天;Axelsson(1998)认为非黏性土中的预应力混凝土桩,t_0 取为 1 天是合理的;Long 等(1999)认为这个阶段非常短,应取为 0.01 天;Camp & Parmar (1999)认为桩径越大,这个阶段持续的时间会越长。

(2)阶段 2:超孔隙水压力随时间的对数呈线性消散。这个阶段承载力的增长主要是来源于固结引起的有效应力和剪切强度的提高。对于黏性土,这个阶段会持续数月甚至数年,长期静置会使桩侧扰动区的土体强度完全恢复,甚至超过原状土形成土壳。对于砂性土,孔压完全消散的时间相对较短,长期静置使土拱效应完全消退。土体的老化效应在此阶段也会有所体现。

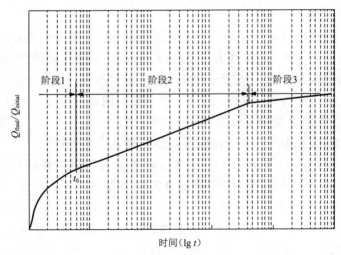

图 4.2 承载力增长理想模型

目前,基于固结理论的承载力时效分析模型主要是针对这一阶段建立的,如 Randolph & Wroth(1979)、Whittle & Sutabutr(1999)等。

(3) 阶段 3:这个阶段承载力的增长不依赖于有效应力的变化,主要归因于土的老化效应,同时,砂土的蠕变效应也会持续。Axelsson(2000)基于老化和应力释放效应建立了砂土中桩承载力时间效应的概念模型。

对于黏性土,承载力的长期增长主要发生于阶段 1 和阶段 2,包含了固结效应、触变恢复、土壳效应和土体老化;对于颗粒状土,因孔隙水压力消散较快,阶段 3 成为承载力持续增长的主要来源,老化效应和蠕变效应是其主要机理。

4.4　开口管桩承载力时间效应计算模型

基于超孔隙水压力建立和消散的固结理论(Randolph 等,1979),可估算桩承载力在上述理想模型中阶段 2 的增长规律。孔隙水压力的产生主要因为沉桩过程中桩侧土体的重塑和平均有效应力的变化,与挤土量的大小密切相关(Randolph,2003)。对于相同尺寸的管桩,闭口桩和开口桩的挤土量是不同的,即使桩端条件同为开口,不同的土塞效应所产生的挤土程度也有明显差异。Randolph(2003)采用"面积率"(桩壁截面积/外包截面积)来体现桩端开闭口对超孔隙水压力大小的影响,但并未考虑土塞效应。本书第 3 章的研究表明,桩的贯入类似于桩端处球孔的扩张,不同贯入深度处挤入桩孔内土塞的体积将影响此刻桩端挤土量的大小,进而影响超孔隙水压力的水平。如第 2 章所述,有效面积率 $A_{rb,eff}$ 可充分体现土塞对挤土量的影响,表达式如下:

$$A_{rb,eff} = 1 - IFR \frac{D_i^2}{D^2} \qquad (4.11)$$

由此,可得有效半径的表达:

$$R^* = 0.5\sqrt{D^2 - IFRD_i^2} \qquad (4.12)$$

式中,IFR 为土塞的动态增长率,可见,桩端处的有效半径是在不断变化的。假定桩周土体只发生径向的渗流,因此可把超孔隙水压力的消散看作一维固结问题:

$$\frac{\partial \Delta u}{\partial T} = \frac{\partial^2 \Delta u}{\partial \rho^2} + \frac{1}{\rho} \frac{\partial \Delta u}{\partial \rho} \qquad (4.13)$$

其中,

$$T = \frac{c_h t}{R^{*2}}; \quad \rho = \frac{r}{R^*} \qquad (4.14)$$

式中,T 为时间因数;c_h 为桩侧土体水平向固结系数(m/d);t 为固结时间(d);r 为距离桩心的距离(mm)。如以表达式(4.15)作为 $T=0$ 时刻的初始孔压,则不

同时刻超孔隙水压力的级数形式表达式(4.16)(唐世栋,1994):

$$\Delta u(\rho,0)=\frac{\Delta u_{\max}}{\ln a}\ln\left(\frac{a}{\rho}\right) \tag{4.15}$$

$$\Delta u(\rho,T)=\frac{2\Delta u_{\max}}{\ln a}\sum_{i=1}^{\infty}\frac{J_0(\lambda_i\rho/a)}{\lambda_i^2 J_1^2(\lambda_i)}\exp\left(-\frac{\lambda_i^2}{a^2}T\right) \tag{4.16}$$

其中,J_0 和 J_1 为零阶和一阶贝塞尔函数;λ_i 为零阶贝塞尔函数的第 i 个零解;a 为影响区半径与桩半径(开口管桩为有效半径)之比,根据图 3.15,此处取 $a=20$;$\Delta u_{\max}$ 为桩侧最大超孔隙水压力,参考 Gibson & Anderson(1961)的解答,可得基于孔扩张理论的表达:

$$\Delta u_{\max}=\ln\left(\frac{A_{\mathrm{rb,eff}}G}{S_u}\right)S_u \tag{4.17}$$

式中,G 为桩侧土体剪切模量;S_u 为不排水抗剪强度;刚度指数 $I_r=G/S_u$。

图 4.3 为 $I_r=100$ 时不同桩径/壁厚(径厚比)下 $\Delta u_{\max}/S_u$ 随 IFR 的变化趋势,此处假定 IFR 在桩贯入过程中保持恒定,因此 IFR = PLR(PLR:土塞率)。由图 4.3 可见,径厚比越大,IFR 对桩侧最大超孔隙水压力的影响越大,此现象可从挤土量的角度予以解释。

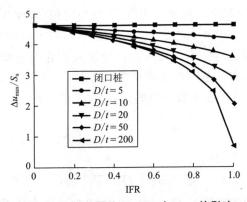

图 4.3   不同径厚比下 IFR 对 $\Delta u_{\max}$ 的影响

图 4.4 为桩径 $D=600$ mm 的闭口桩在不同时间因数 T 时的超孔隙水压力分布。初始超孔隙水压力($T=0$)沿径向呈对数型衰减,衰减速度随距离的增大而逐渐变缓。随时间因数 T 的增大,超孔隙水压力沿径向的衰减速度逐渐减小。当 $T=40$ 时,桩壁外侧的超孔压已减小至初始最大值 $\Delta u_{\max}$ 的 $1/4$,$T=100$ 时比值进一步减小至 $1/10$。

图 4.5 为相同桩径的开口管桩的超孔隙水压力分布。可见不同 T 时的桩侧超孔隙水压力均明显小于闭口桩,且 T 越小差异越明显。$T=0$ 时,开口管桩的 $\Delta u_{\max}$ 值仅为闭口桩的 83%,当 $T=100$ 时两者已基本等同。可见,桩端开闭口

条件对于桩侧孔隙水压力分布的影响是显著的,此方面在第 3 章的研究也有所体现。

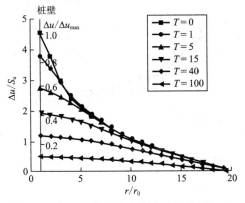

图 4.4 闭口桩超孔隙水压力的分布与消散

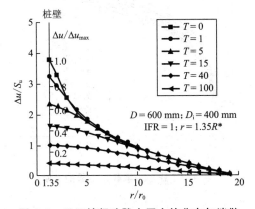

图 4.5 开口桩超孔隙水压力的分布与消散

图 4.6 和图 4.7 为 IFR 对超孔隙水压力消散和承载力增长的影响,此处 $D=600$ mm,$D_i=400$ mm,$c_h=0.1$ m/d。需说明的是,本例假设桩为摩擦型桩,且认为桩加载时的剪切破坏面发生于贴近桩身的土中,并将沉桩结束时的桩侧摩阻力值近似等同于不排水抗剪强度值 S_u。由图可见,IFR 值越大,孔压消散和承载力相对增长的速度越快。IFR=0,即桩端为闭口或完全闭塞时,超孔隙水压力消散(承载力增长)90%所需的时间为 90 d,而当 IFR=1.0 即完全非闭塞时则仅需 50 d。本算例中的参数是针对粉土进行的取值,因此对应《建筑桩基检测技术规程》(JGJ106—2003)中桩承载力检测前 10 d 休止时间的规定,IFR=0、0.2、0.4、0.6、0.8 和 1.0 情况下的承载力增长幅度分别为 52%、54%、57%、59%、62%。可见,土塞效应对承载力时间效应的影响是显著的,对于相同桩身尺寸的开口管桩,承载力相对增长速度随土塞率近似呈线性增长。

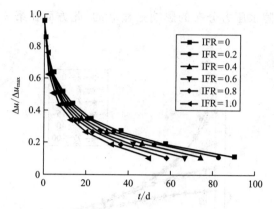

图 4.6 IFR 对超孔隙水压力消散的影响

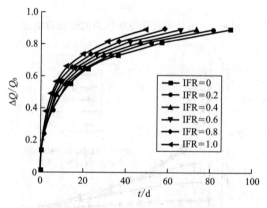

图 4.7 IFR 对承载力增长的影响

4.5 承载力时间效应静载荷试验研究

4.5.1 颗粒状土中桩时间效应试验

4.5.1.1 试验概述

试验地点位于杭州市江干区,场地以粉土和砂土为主,交互出现,物理力学参数如表 4.2 所示,静力触探指标如图 4.8 所示。试验采用 PHC-600(100)A 型预应力混凝土管桩,桩端开口,数量为 3 根,分别命名为 P1、P2、P3 试验桩,桩长分别为 32 m、34 m、41 m。沉桩采用 DBYZY900 型静力压桩机,可实现最大 900 吨压桩力。

试验内容包括:① 记录 3 根试验桩达到设计深度时的终压力;② 沉桩结束 0.5 小时后进行复压试验,以复压"起动力"作为当时的极限承载力;③ 每根试验桩先后进行两次破坏性静载荷试验,确定不同时刻的极限承载力。静载荷试验采用堆载平台反力装置,慢速维持加载方法,按照《建筑基桩检测技术规范》(JGJ106—2003)进行。

表 4.2　试验场地地质情况

土层	深度/m	天然含水量 $w/\%$	比重 Gs	液性指数 $I_L/\%$	塑性指数 $I_p/\%$	黏聚力 c_u/kPa	摩擦角 $\varphi/(°)$	压缩模量 E_s/MPa
填土(FS)	0~3.2	39.1	—	—	—	—	—	—
黏质粉土(CS)	3.2~16.8	29.8	2.71	1.145	9.2	10.0	29.5	3.6
粉质砂土(SS)	16.8~30.1	24.4	2.69	1.359	8.1	5.9	39.1	11.5
粉质黏土(SC)	30.1~37.2	26.9	2.72	0.340	13.6	43.7	19.6	9.0
黏质粉土(CS)	37.2~39.8	29.1	2.71	1.069	8.8	10.9	29.8	6.1
粉质黏土(SC)	39.8~50	26.2	2.72	0.350	13.5	45.9	20.6	10.5

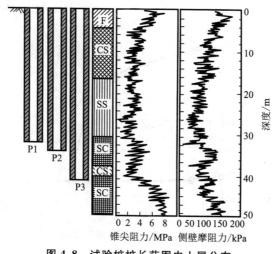

图 4.8　试验桩桩长范围内土层分布

4.5.1.2　试验结果

静载试验测得的 3 根试验桩的荷载-沉降(Q-S)曲线如图 4.9 所示。可见,每根试验桩的前后两次曲线均有所不同,尤其是对于试验桩 P2 和 P3,差异非常明显。说明,静置改变了桩的承载力性状。由图可见,多次静载试验的 Q-S 曲线均为陡降型,根据《建筑基桩检测技术规范》(JGJ106—2003)规定,取其发生明显陡降点对应的荷载值为竖向抗压承载力极限值。承载力对比结果如表 4.3 及图 4.10 所示,其中,将终压力和复压起动压力分别作为零时刻和 0.5 小时时刻的极限承载力。可见,3 根试验桩的承载力随时间均发生了明显的增长,且均呈现出前期增长快而后期逐渐变缓的趋势。P1 试验桩的承载力在 20 天逐渐趋于稳定，而 P2 和 P3 试验桩的承载力在后期仍有增长的趋势，可见在相同的地质条件下承载力的增长规律也有所不同，说明桩长也是影响时间效应的重要因素。这与承载力的提高主要来自于桩侧而非桩端的观点是一致的。

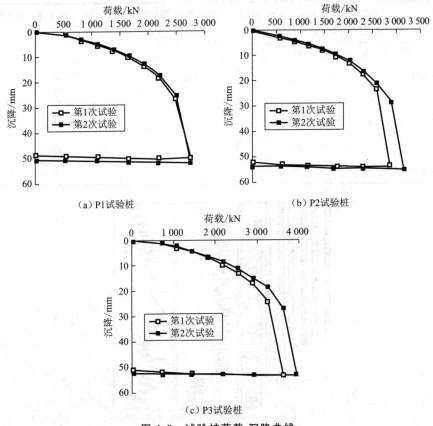

(a) P1试验桩　　(b) P2试验桩

(c) P3试验桩

图 4.9　试验桩荷载-沉降曲线

根据 Skov & Denver 提出的公式(4.1)，将复压起动压力作为 Q_0(即 $t_0 = 0.5$ d)，则承载力随时间对数的增长趋势如图 4.11 所示。虽然数据点具有一定的离散型，但 Q_t/Q_0 与时间对数基本成线性关系，说明承载力随时间呈对数型相对增长。3 条曲线的平均斜率分别为 0.19、0.27、0.15，此斜率值即为公式(4.1)中的参数 A 值(时效系数)，代表承载力的增长速度。对比图 4.1 中国内外其他试验研究的结果可见，本试验中 3 根桩的增长速率是相对较小的。此现象可能是因为静压法沉桩相比锤击法，对桩周土体的扰动会相对较小，侧阻退化幅度较低，导致承载力后期的增长幅度相对较小。

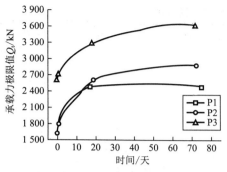

图 4.10　承载力随时间的增长

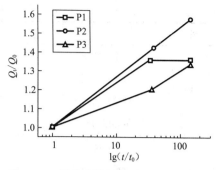

图 4.11　承载力随时间对数的相对增长

如前所述,承载力的提高主要来自于桩侧摩阻力的增长,因此将本次试验的结果进行桩侧阻力和桩端阻力的分离,意义是明显的。对于开口管桩,桩端阻力由管壁端阻(Q_{ann})和土塞阻力(Q_{plg})组成,如本书第 2 章所述,以上两部分可根据静力触探锥尖阻力(q_c)和 IFR 进行估算。已有研究表明,单位管壁端阻 q_{ann} 与触探锥尖阻力 q_c 的比值与沉桩深度和土塞高度无关(Lehane & Gavin,2001;Doherty 等,2010),此处取为恒定值 0.8。单位土塞端阻 q_{plg} 可采用公式(3.6)计算得出。Randolph 等(1991)认为,静载试验加载过程中多数开口管桩是处于闭塞状态的。此处也假设加载过程中土塞长度并未改变(即 IFR＝0),因此,单位土塞阻力 $q_{plg}＝0.8q_c$。

假定静置过程中桩端阻力并未发生增长,此时计算得出的单位桩侧摩阻力随时间的变化如图 4.12 所示。可见,所有数据点呈相似的分布,单位侧阻随时间大致呈对数型增长。单位侧阻的相对增长与时间对数的关系如图 4.13 所示,每时间对数循环的平均增长率为 44％,此值比总承载力的增长率大 108％。不同时刻的总承载力、桩侧阻力和桩端阻力总结于表 4.3 中。

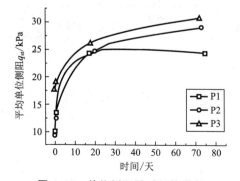

图 4.12　单位侧阻随时间的增长

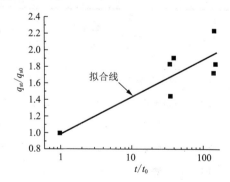

图 4.13　单位侧阻随时间对数的相对增长

表 4.3　承载力时效试验结果

桩号		终压	复压	第 1 次静载	第 2 次静载
P1	休止期/h	0	12	408	1 800
	总承载力/kN	1 620	1 820	2 484	2 484
	桩侧阻力/kN	603	803	1 467	1 467
	桩端阻力/kN	1 017	1 017	1 017	1 017
P2	休止期/h	0	12	456	1 752
	总承载力/kN	1 620	1 820	2 592	2 592
	桩侧阻力/kN	602	802	1 576	1 862
	桩端阻力/kN	1 018	1 018	1 018	1 018
P3	休止期/h	0	12	432	1 728
	总承载力/kN	2 600	2 700	3 258	3 620
	桩侧阻力/kN	1 357	1 457	2 015	2 377
	桩端阻力/kN	1 243	1 243	1 243	1 243

4.5.2　黏性土中桩时间效应试验

4.5.2.1　试验概述

试验地点位于杭州市,场地以黏性土为主,物理力学参数如表 4.4 所示。试验采用 PTC-550(100)A 型管桩,桩端开口,数量为 3 根,分别命名为 S1、S2、S3 试验桩,桩长均为 20 m,桩端位移黏土夹碎石。每根试验桩分别于 7 d 和 25 d 进行静载荷试验,确定不同时刻的荷载沉降规律。

表 4.4　试验场地地质情况

层序	土层	深度/m	天然含水量 w/%	重度 γ	液性指数 I_L/%	塑性指数 I_p/%	黏聚力 c/kPa	摩擦角 φ/(°)	压缩模量 E_s/MPa
1-1	填土及塘泥	0～2.9		—	—	—	—	—	—
2-1	粉质黏土	2.9～3.6	29.0	19.3	0.65	12.3	13.0	8.0	7.0
2-2	黏土	3.6～6.2	26.9	19.6		8.8			6.5
2-3	粉质黏土	6.2～8.8	30.8	19.2	0.83	12.3			6.0
3-1	淤泥	8.8～11.4	56.9	16.7	1.25	25.4	9.0	15.5	1.7
3-2	淤泥质黏土	11.4～13.7	41.0	18.0	1.19	17.7	16.7	15.2	2.6
4	粉质黏土	14.4～16.4							4.0

层序	土层	深度 /m	天然含水量 w/%	重度 γ	液性指数 I_L /%	塑性指数 I_p /%	黏聚力 c/kPa	摩擦角 φ/(°)	压缩模量 E_s /MPa
5	黏土	16.4~18.0	31.5	19.2	0.42	21.1			8.0
6-1	黏土	18.0~19.4	23.8	20.3	0.25	17.8	52.0	20.0	15.0
6-2	黏土夹碎石	19.4~22.2	23.8	20.3	0.20	22.9			19.0

4.5.2.2 试验结果

三组静载试验的结果如图4.14所示,虽试验并未达到破坏,但荷载-沉降曲线充分说明了承载力时间效应的发生。休止期为7天时,3根试验桩在最大加载量1 800 kN时的沉降量分别为24.04 mm、25.77 mm和16.83 mm,而休止期为25天时对应相同加载量的沉降仅分别为8.32 mm、8.03 mm和7.23 mm,减小

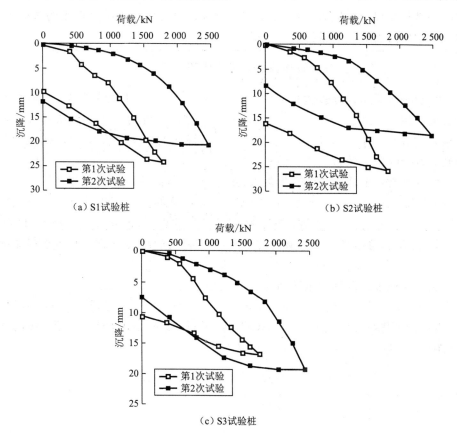

（a）S1试验桩   （b）S2试验桩

（c）S3试验桩

图4.14 试验桩荷载-沉降曲线

幅度达 $57\% \sim 68\%$。休止期为 25 天时对应最大加载量 2 500 kN 的沉降量分别为 20.68 mm、18.37 mm 和 19.27 mm。可见，由于时间效应的存在沉降量发生了明显减小。

4.6　单桩极限承载力与终压力的相关关系

4.6.1　概述

静压桩施工中往往以桩长、入持力层深度和最终压桩力作为控制标准。最终压桩力(Q_u)与极限承载力(P_{re})是不同的概念，两者的数值往往也是不同的，承载时间效应是其中主要原因。终压力和极限承载力之间的相关关系是工程界和学术界共同关心的课题，对于终压控制标准的制定，以及优化设计、节约成本等方面均具有重要意义。因此，将终压力和极限承载力相关关系的研究引入本章节，以进一步体现时间效应的工程意义。根据浙江地区近 2 000 根开口静压管桩的静载试验以及终压力记录，在采用灰色理论进行极限承载力修正的基础上，对两者之间的相关关系进行统计分析研究。

4.6.2　基于灰色理论的静载试验极限承载力修正

本次统计采用的静载数据来源于研究性试验以及工程检测结果，检测性静载试验的最大加载量一般取为设计极限承载力值，而此时绝大多数桩基并未发生破坏，也就是说所得到的最大承载力并非桩基真正的极限承载力值，因此对部分数据进行极限承载力的修正是必须的。

国内外常见的修正方法有指数法、双曲线法、折线法以及灰色预测法等。灰色预测理论利用连续的灰色微分方程模型，对系统的发展变化进行全面的观察分析，此方法凭借其较高的准确性已得到了广泛的认可，此处我们也将采用 GM(1,1)模型进行静压桩极限承载力的预测，首先进行静载 $Q\text{-}S$ 曲线的灰色模型的建立。

某级荷载下的沉降增量序列为

$$\Delta S(i) = \{\Delta S(1), \Delta S(2), \Delta S(3), \cdots, \Delta S(m)\} \quad (i = 1, 2, \cdots, m) \quad (4.18)$$

对该序列做一次累加运算(1-AGO)，生成新的累加序列，$S(i)$ 是第 i 级的累积沉降。

$$S(i) = \sum_{j=1}^{i} \Delta S(j) \quad (i = 1, 2, \cdots, m) \quad (4.19)$$

GM(1,1)模型灰色微分方程为：

$$\frac{\mathrm{d}S}{\mathrm{d}t} + uS = v \quad (4.20)$$

式中,u,v 为待定系数。

设 $A=[uv]^{\mathrm{T}}$,参数列 A 的最小二乘解为:

$$u = \sum_{k=1}^{m-1} \Delta S(k+1) \left\{ -\frac{1}{2}\left[S(k)+S(k+1)\right] \frac{m-1}{(m-1)X-Y^2} + \frac{Y}{Y^2-(m-1)X} \right\}$$

$$\text{(4.21)}$$

$$v = \sum_{k=1}^{m-1} \Delta S(k+1) \left\{ -\frac{1}{2}\left[S(k)+S(k+1)\right] \frac{m-1}{(m-1)X-Y^2} + \frac{Y}{(m-1)X-Y^2} \right\}$$

$$\text{(4.22)}$$

式中,

$$X = \sum_{k=1}^{m-1} \left\{ -\frac{1}{2}\left[S(k)+S(k+1)\right] \right\}^2 \qquad \text{(4.23)}$$

$$Y = \sum_{k=1}^{m-1} \left\{ -\frac{1}{2}\left[S(k)+S(k+1)\right] \right\} \qquad \text{(4.24)}$$

则第 $k+1$ 级荷载时沉降的预测值为:

$$\hat{S}(k+1) = \left[S(1)-\frac{v}{u}\right]e^{-uk} + \frac{v}{u} \qquad \text{(4.25)}$$

对单桩极限承载力进行预测时,以静载试验的 $Q\text{-}S$ 曲线为基础,通过公式 (4.25)对静载试验最大加载量的下一级荷载的沉降进行预测,并将预测结果与破坏标准进行对比,如已达到破坏标准则停止预测进而确定承载力极限值,如未达到破坏则进行下一级的预测,直至达到破坏为止。此处,对于缓变型曲线统一取 $S=40$ mm 时的荷载为单桩极限承载力(JGJ106—2003)。

当建模采用的 $Q\text{-}S$ 曲线的数据未进入塑性状态时,桩土相互作用的性状未完全显现出来,此时 GM(1,1)的预测结果偏大,因此需对预测的结果进行校正,校正系数的范围宜取为 0.75~0.95,原始沉降越小则修正系数取值应越小,反之则越大。采用自行编制的 MATLAB 程序进行预测的结果如表 4.5 所示,可见预测极限承载力 $Q_{\mathrm{u,prd}}$ 与静载试验最大加载量 $Q_{\max}$ 的平均比值处于 1.013~1.189,且随静载试验最终沉降的增大而减小。将预测得到的极限承载力值与原有可直接采用的静载数据,一并作为分析的样本进行相关规律的研究。

表 4.5　灰色理论预测结果

静载试验最终沉降/mm	校正系数	$Q_{\mathrm{u,prd}}/Q_{\max}$	
		范围	平均值
< 15	0.75	1.05~1.35	1.189
15~20	0.80	1.04~1.28	1.148
20~25	0.90	1.00~1.26	1.085

静载试验最终沉降/mm	校正系数	$Q_{u,prd}/Q_{max}$	
		范围	平均值
25~30	0.95	1.00~1.14	1.063
>30	1.00	1.00~1.10	1.013

4.6.3 近2000根试桩静载荷试验结果统计研究

4.6.3.1 Q_u/P_{re}随长径比变化情况

已有研究成果表明,在一定的地质条件下,长径比是影响极限承载力与终压力相关关系的最主要因素。搜集整理到的浙江地区近 2 000 根开口混凝土管桩的压力比分布情况如图 4.15 所示,可见压力比虽具有一定的分散性,但多数分布于 0.5~2.0,占到总样本数的 86%。已有研究成果及本次统计的分布规律表明,压力比随长径比的增加具有平缓增加的趋势,但因长度效应等因素的影响,此值不会无限的增长,最终会收敛于某一数值,此变化规律接近于双曲线分布特征,因此采用双曲线函数进行拟合,结果已显示于图中。

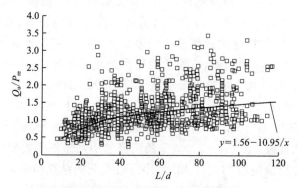

图 4.15 静压管桩压力比分布情况

4.6.3.2 Q_u/P_{re}概率分布分析

压力比的总体概率分布柱状图如图 4.16 所示,可见 0.8~1.4 范围内的样本数最多,其他范围内出现的概率则相对较少;且当压力比超过 1.2 后,样本数出现的概率出现了快速递减的趋势,后期减小的趋势变缓,最终趋向零值。概率分析研究表明,压力比的概率分布情况非常接近于 F 分布,计算后的结果如图中所示。

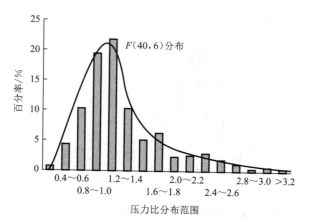

图 4.16　静管桩压力比概率分布柱状图

　　将不同桩侧土层条件下压力比的概率分布情况分别进行研究,统计结果如图 5.17～5.19 所示,均接近于 F 分布,但概率分布曲线有所差异。从图中可以看出,桩侧为粉土和软土时的概率分布较为集中,概率分布曲线较陡,但粉土的曲线峰值相比最大,且其对应的压力比值也明显大于其他土质;桩侧为黏性土时的概率分布曲线较为平缓,与总体概率分布性状图(图 4.15)较为接近,曲线峰值对应的压力比介于粉/砂土和软土之间。以上现象说明,桩侧以黏性土为主时,极限承载力相比终压力的增长幅度值分布范围较广,具有一定的分散性。但总体而言,桩侧为粉/砂土时增长幅度大于黏性土,软土最小。分析认为,成桩后砂土和粉土中孔压的消散速度较快,一定休止期(规范规定为 10 d 和 15 d)后,其承载力基本保持衡定;而饱和黏性土中孔压的消散速度则较为缓慢,较长休止期后承载力仍具有增长空间,因此压力比值较大的样本比例明显大于其他土质。软土具有较强的结构性,且其孔压消散的速度更为缓慢,因此相同长径比所对应的压力比值明显小于粉/砂土。此现象在而后的统计结果中更为明显。

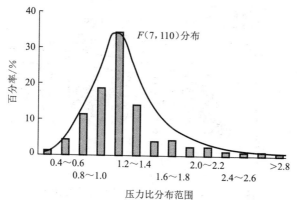

图 4.17　桩侧为粉土时压力比概率分布柱状图

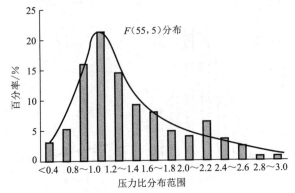

图 4.18　桩侧为黏性土时压力比概率分布柱状图

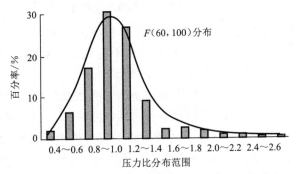

图 4.19　桩侧为软土时压力比概率分布柱状图

4.6.3.3　不同地质情况下 Q_u/P_{re} 与长径比相关性分析

　　将不同持力层、桩侧土层条件下,压力比与长径比的关系进行回归分析。采用双曲线函数对统计结果进行拟合,并剔除压力比值明显偏高的样本点以改善拟合的效果,结果如图 4.20 至图 4.24、表 4.6 所示。

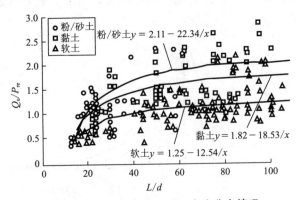

图 4.20　持力层为砂土时压力比分布情况

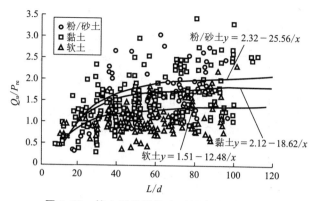

图 4.21　持力层为黏性土时压力比分布情况

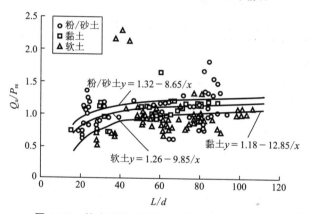

图 4.22　持力层为砾(卵)石时压力比分布情况

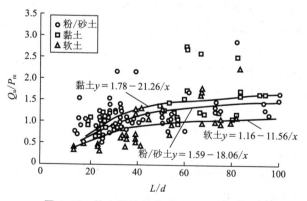

图 4.23　持力层为粉土时压力比分布情况

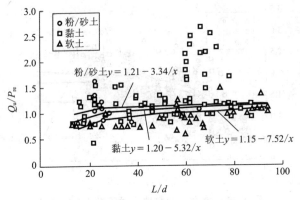

图 4.24　持力层为基岩时压力比分布情况

表 4.6　不同地质条件下的回归分析结果

桩端土(岩)层	桩侧土层		
	粉/砂土	黏性土	软土
黏性土	$y = 2.32 - 25.56/x$	$y = 2.12 - 18.62/x$	$y = 1.51 - 12.48/x$
砂土	$y = 2.11 - 22.34/x$	$y = 1.82 - 18.53/x$	$y = 1.25 - 12.54/x$
粉土	$y = 1.59 - 18.06/x$	$y = 1.78 - 21.26/x$	$y = 1.16 - 11.56/x$
砾(碎、卵)石	$y = 1.32 - 8.65/x$	$y = 1.26 - 9.85/x$	$y = 1.18 - 12.85/x$
基岩	$y = 1.21 - 3.34/x$	$y = 1.20 - 5.32/x$	$y = 1.15 - 7.52/x$

注：$y = Q_u/P_{re}$；$x = L/d$

　　可以发现，相同地质条件下的样本分布点的变化趋势是明显的，但仍具有一定的分散性。分析认为，虽此处按照相同的持力层和桩侧土层进行归类，但岩土体的性状是复杂的，即使相同类别的土质，其各方面的特性也会存在一定的差异，且此处桩侧土分类的依据为桩侧主要分布土层，部分情况下会存在其他土质的夹层，因此在相同长径比和地质条件下，概率分布点也会存在一定的分布范围。

　　根据回归分析结果发现，各种地质情况下压力比随长径比增加均具有平缓增加的趋势，但增长规律存在区别，持力层为黏性土时增长幅度最大，砂土次之，基岩最小。此现象说明桩端与桩侧阻力的比值关系对压力比的影响是明显的，随着持力层承载力的增加压力比的增长趋势逐渐变缓。国外研究也发现承载力的提高主要归因于桩侧摩阻力的提高，桩端阻力的提高幅度是非常有限的。同时发现，当长径比小于某一数值(此处定义为临界长径比)时，压力比是小于1的，即当桩身较短时，极限承载力小于终压力，且临界长径比随地质情况的不同而各异。分析认为，当桩长较小时，桩基承载力主要取决于桩端阻力，而压桩结束后桩端土体会有一定幅度的回弹,并伴随着应力的释放,此过程在一定程度上降低了桩端阻力。

分析结果显示,持力层相同时,桩侧为粉土时的压力比通常情况下大于其他两种土质,黏性土次之但与前者较为接近,软土明显小于粉土和黏性土。这与"隔时复压试验"的结果也是吻合的(见 4.7 节)。

将统计分析的结果与其他地区的相关资料进行了对比[172,192,198,239,241,243],结果如表 4.7 所示。可见,在地质情况相对较好的辽沈等地区,极限承载力可达终压力的 2 倍以上,压力比值明显大于软土地区。各地区施工因素和地质条件的不同,导致了极限承载力与终压力之间相关关系的差异。

表 4.7　各地区压力比对比情况

统计结果所在地区	主要地质情况	压力比情况
浙江地区(本书结果)	各类土	见表 4.6 及图 4.20 至图 4.24
广东顺德地区	软土为主	$Q_u/P_{re}=0.40\sim1.05(14<L/d<60)$,$Q_u/P_{re}=1.25-12d/L$
南京等苏南地区	软土为主	$Q_u/P_{re}=0.57\sim1.83$,$Q_u/=0.66P_{re}+2.41P_j$(P_j 为桩端阻力)
辽沈地区	黏性土为主	$Q_u/P_{re}=1.19\sim2.6$
福州部分非软土地区	黏性土、砂土	$Q_u/P_{re}=1.35\sim2.48$
福建部分地区	砾卵石、砂土	$Q_u/P_{re}=0.69\sim1.57$
广东省《静压桩基础技术规程》	软土为主	$Q_u/P_{re}=0.6\sim1.15$
西安地区	砂土(桩端)	$Q_u=1.5206P_{re}-631.2$
香港及广东部分地区	软黏土	$Q_u/P_{re}=1.14-12.48d/L$
河南驻马店地区	粉质黏土	$Q_u/P_{re}\geqslant1.2$

4.7　基桩承载力时间效应隔时复压试验

目前,对于桩基承载力时间效应方面的研究多数是基于静载试验展开的,但静载试验费时费力,且无法测试到短期内桩基承载力的增长性状。隔时复压是指在一定休止期后,对桩进行复压,以起动压力作为极限承载力。起动压力是肉眼观测到的桩刚刚开始下沉时的压桩力,实测发现在此之前桩会有一定相对缓慢的微量沉降,此过程肉眼一般无法观察到,类似于静载试验 Q-S 曲线陡降以前的阶段,因此可把复压起动过程看作快速的静载试验,将隔时复压起动压力作为极限承载力。利用隔时复压试验的灵活和简便,可测试出不同休止期的起动压力(相当于极限承载力),如以终压力作为零时刻的承载力,即可得到静压桩承载力的增长规律。

静载试验与隔时复压试验的关系如下。

(1) 静载试验与压桩实施过程分别属于不同的桩土平衡体系:压桩时桩稳态贯入,桩周围的土体完全扰动破坏,压桩力克服的是动阻力;而桩周土固结后的静载试验的极限承载力为静阻力,是在桩周土体触变恢复及固结过程完全结束后的平衡体系下表现出来的。隔时复压试验介于两者之间:开始施加压力桩微量下沉时,类似于静载试验;在桩明显起动后属稳态贯入,与普通的压桩没有区别。隔时复压一般是在刚刚达到稳态贯入时即停止,因此贯入量不大,一般为 20~80 mm。

(2) 隔时复压试验则是充分利用了压入桩机方便移动的特点,为研究承载力时间效应采取的做法。该试验简单易行,而且可以观测到整个过程中不同时刻桩的广义极限承载力的变化。与通常在后期进行的静载试验相比,它可以测出短时间内(如 0.5 h)的极限承载力变化,连同施工时的最终压桩力,可以实现从零时间开始考虑承载力的变化。这对于探讨桩基础承载力时间效应的机理是很有帮助的。

(3) 静载试验和隔时复压试验都是揭示压入桩承载力的手段。隔时复压试验的优势是可以做很多个点,而静载试验因其耗资耗时很难做到这一点。如果能使静载试验加荷很快且变形较大,即"启动"后进入稳态贯入过程,则也相当于复压。

图 4.25 形象地说明了承载力随时间增长的关系,为了表达清楚,图中放大了复压峰值到稳态段的时间。从图中可以看出,随着触变恢复和固结过程的进行,在不同的休止期进行复压时,桩的承载力都有所提高。每一条压桩力曲线对应的峰值,即为我们所说的该休止期的极限承载力。将不同休止期进行复压得到的压桩力峰值相连接,即得到桩的广义极限承载力全时程曲线。后面的工程实例表明,该种曲线为双曲线,初期增长较快,后期减缓,最终收敛于极限值。

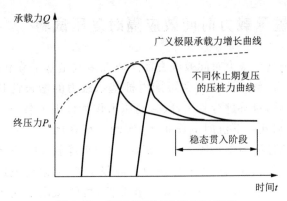

图 4.25 隔时复压试验结果示意图

4.7.1　软土地区试验

4.7.1.1　试验概述

试验场地位于广东珠海,属山前滨海地貌,地下水位稳定在地表以下 0.3 m 处。试验用桩为 PHC-A400(95)型预应力管桩,桩端开口,数量为 3 根,桩距 6 m,桩长分别为 26 m、25 m、25 m,地质情况相近。桩长范围内自上而下岩土层情况如表 4.8 所示。

表 4.8　试验桩桩长范围内地质情况

层号	名称	层厚 /m	黏聚力 c /kPa	内摩擦角 φ /(°)	标贯锤击数 N/击	承载力特征值 f_{ak}/kPa
①	填土	3.2～3.4	—	—	4.7	—
②	淤泥	11.4～14.2	5.0	1.2	1.0	55
③	黏土	10.8～11.2	33.7	5.8	8.0	130

4.7.1.2　试验过程及结果

3 根静压试验桩沉桩后,间隔不同的时间进行复压,记录各次的起动压力,作为不同休止期的极限承载力。复压时间选择的原则为早期间隔时间短而后期较长,以利于观察承载力的增长趋势,最后一次复压的休止期选为 25 天,与规范规定的休止期相对应,从而为检测时间以及终止压力的选择提供依据。

4.7.1.3　极限承载力增长规律

以终止压力作为初始承载力,3 根试验桩的承载力随时间的变化情况如图 4.26 所示。可以发现,3 根试验桩的试验曲线十分接近,开始增长较快,后期较为平缓。休止期为 25 天时的承载力相比终止压力有较大幅度的提高,后者约为前者的 3.5 倍,可见在本试验场区地质条件下静压开口管桩的承载力增长幅度是非常大的。同时发现 1♯ 试验桩的极限承载力增长趋势相比 2♯、3♯ 试验桩略有不同,休止期较短时三者承载力相差不大,但随休止期的增长 1♯ 桩承载力的增长幅度逐渐大于其他两根。

根据公式(4.1),取 $t_0 = 1.0$ d,则 3 根试验桩的极限承载力 Q_t 与 t_0 时刻的承载力 Q_0 的比值随时间对数的增长趋势如图 4.27 所示。需说明的是,由于试验设置的原因 1.0 d 时刻的承载力未在试验中直接测得,而是根据图 4.26 中的承载力趋势线估算得出。由图 4.27 可见,虽然数据点具有一定的离散型,但变化趋势是明显的,即 Q_t/Q_0 与时间对数大致成线性关系,说明承载力随时间基本呈对数型相对增长,3 根桩的时效系数 A 分别为 0.25、0.23 和 0.18。

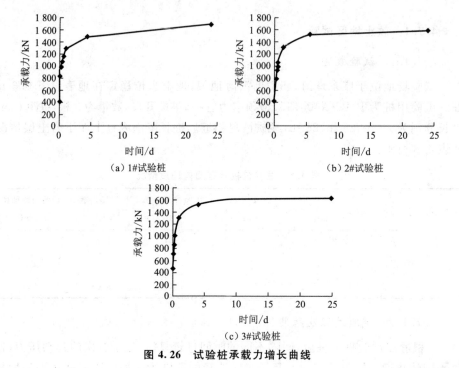

（a）1#试验桩　　　　　　　　　（b）2#试验桩

（c）3#试验桩

图 4.26　试验桩承载力增长曲线

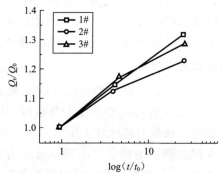

图 4.27　承载力随时间对数的增长

4.7.1.4　单位侧阻增长规律

如前所述,桩端阻力随休止期的增长对承载力提高的贡献有限,主要取决于桩侧阻力的提高,因此分析本试验结果时重点考虑桩侧土体对承载力提高的贡献。由试验基本资料可知,自上而下桩长范围内分布着 3 m 左右未固结完成的填土层和 14 m 左右的淤泥层,以下 8 m 范围内为黏土层。观察发现,地面以下约 2 m 范围内土体与桩体之间因施工时桩身晃动而产生裂缝,此段为无摩擦区,即填土层基本上是不提供侧阻力的;淤泥的抗剪强度相比黏土小很多,因此黏土层对承载力增长的影响也是有限的。可见,本试验中静压桩承载力增长主要依赖于黏土层抗剪强度的提高,桩土摩擦力时间效应室内试验也证明了在较大法向力的条件下,黏性土摩阻力提高的幅度是相当大的(张明义,2004)。由此可以解释1♯桩承载力增长趋势相比 2♯、3♯两根试验桩略有不同,主要是因为桩身在黏土层中的长度大于其他两根。

基于以上分析可知,饱和软黏土中静压桩承载力增长的最主要原因是桩侧黏性土抗剪强度的提高,通过修正其他因素,建立桩侧黏性土单位侧阻力增长公式,进而反映承载力的增长规律。

试验中淤泥土层和桩端阻力对承载力增长的贡献,通过在黏土层侧阻力增长的基础上以修正系数的形式得以体现。因此,将各时刻的承载力(压桩力)除以系数 1.5 得出黏土层总的桩侧阻力,从而得到单位面积侧阻力的增长趋势。忽略三根试验桩桩侧土层厚度的微小差别,只考虑黏土层中桩长的不同,将单位侧阻力随时间的增长绘制于同一图中,如图 4.28 所示。

运用数理统计回归分析方法进行研究,分别采用以下不同的预测函数形式进行拟合,计算出各种函数式的相关系数,从而对比得出最优表达式,结果如表4.9 所示。由表可见,成桩后 24 天内承载力增长趋势下,三种表达形式的相关系数都接近于 1,拟合效果都比较令人满意。相比而言,对数函数表达式的拟合程度最好,双曲线形式次之,如图 4.29 所示。

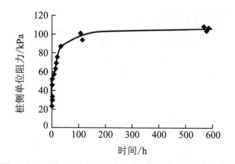

图 4.28　黏土层桩侧单位阻力随时间增长曲线

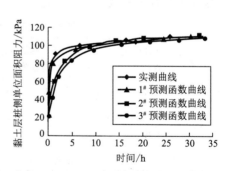

图 4.29　预测函数与实测曲线对比情况

表 4.9　预测函数表达式对比

编号	预测函数表达形式	相关系数 R
①	$q_{ut} = [0.3\lg(t) + 1.8]q_{u0} + q_{u0}$	0.96
②	$q_{ut} = q_{u0}\left(1 + \dfrac{t}{0.33t + 0.7}\right)$	0.94
③	$q_{ut} = q_{u0} + 1.8 \times 35^{(1-0.35/t)} \cdot t^{0.08}$	0.92

将 $t_0=1.0$ d 时的单位侧阻力作为 q_{u0},则单位侧阻力随时间对数的增长趋势如图 4.30。虽然数据点具有一定的离散型,但 q_{ut}/q_{u0} 与时间对数基本成线性关系,说明承载力随时间呈对数型相对增长,时效系数 A 为 0.24。

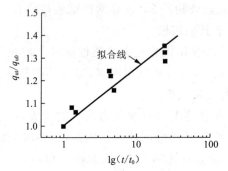

图 4.30 单位桩侧摩阻力随时间对数的增长

4.7.2 粉土地区试验

4.7.2.1 试验概况

试验场地位于山西省太原市,属汾河东岸 I 级阶地后缘,地下水位 -1.3 m。试验采用 PHC-AB400(95)型开口预应力混凝土管桩,桩长 23 m,数量为 3 根,地质情况如表 4.10 所示。

表 4.10 试验桩桩长范围内地质情况

层号	土(岩)类别	平均层厚 /m	地基承载力特征值 f_{ak}/kPa	桩侧阻力极限值 q_{si}/kPa	桩侧阻修正系数 ξ_{si}	桩端阻极限值 q_{pi}/kPa
①	粉质黏土	10.56	100	36	1.0	
②	粉土	4.25	120	44	1.0	
③	粉质黏土	6.55	145	50	1.0	1 400
④	粉土、细中砂	5.89	160	58	1.0	2 300

4.7.2.2 试验过程及结果

试验利用静压桩机行走灵活的特点,对 3 根试验桩进行隔时复压,记录各次的起动压力,即不同休止期的极限承载力。试验桩相隔较近(3.4 m),认为地质条件近似相同,且终压力非常相近,因此可将复压结果合并在一起进行研究。本次试验主要研究短时间内承载力的增长情况,复压时间较短,最后一次复压的时间为成桩后 24 小时,压桩力(承载力)随时间增长情况如图 4.31 所示。

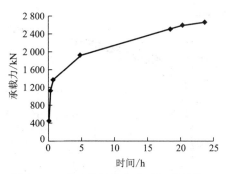

图 4.31　试验桩承载力随时间增长情况

4.7.2.3　试验结果分析

通过图 4.31 可以发现，试验桩承载力开始增长较快，后期较为平缓。休止期为 24 小时时的承载力相比终止压力有较大幅度的提高，后者达到前者的 5 倍之多，可见在本试验场区地质条件下静压桩承载力的增长空间是非常巨大的。

通过基本资料可知，桩身范围内以粉土以及粉质黏性土为主，地下水位较浅，成桩结束后将产生较大的孔隙水压力。本章理论分析部分已经阐明承载力的增长主要取决于土的固结作用、桩周土的触变恢复以及土壳作用，分析本试验地质条件可知，在此较短时间内承载力的提高应主要取决于孔隙水压力的消散和有效应力的提高。相比前节所述饱和黏性土承载力时效试验可知，其承载力的提高速度明显大于后者，说明粉土及粉质黏土地基中孔隙水压力的消散速度远远大于饱和黏性土地基，此现象与已有理论吻合。

4.7.2.4　回归分析

运用数理统计回归分析方法进行研究，分别采用不同的预测函数进行拟合，计算出各种函数式的相关系数，从而对比确定最优表达式，预测函数表达式的拟合情况如表 4.11 以及图 4.32 所示。

由表 4.11 及图 4.32 可见，3 种表达形式的相关系数都接近于 1，拟合效果都比较理想，其中对数函数表达式的拟合程度最好，其次为双曲线函数表达式，而表达式 3 的模拟效果相对较差。

表 4.11　预测函数表达式对比情况

编号	预测函数表达形式	相关系数 R
①	$q_{ut} = [0.5 \cdot \lg(t) + 2.5]q_{u0} + q_{u0}$	0.94
②	$q_{ut} = q_{u0}\left(1 + \dfrac{t}{0.21t + 0.45}\right)$	0.90
③	$q_{ut} = q_{u0} + 2.1 \times 35^{(1-0.28/t)} \cdot t^{0.12}$	0.92

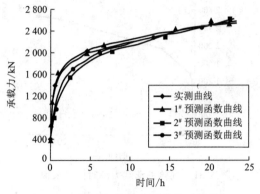

图 4.32 预测函数与实测曲线对比情况

试验桩的极限承载力随时间对数的增长趋势如图 4.33 所示,此处取 $t_0 = 1.0$ d。可见,Q_t/Q_0 与时间对数大致成线性关系,说明承载力随时间基本呈对数型增长,时效系数 A 为 0.29,即每时间对数循环承载力增长幅度为 29%。

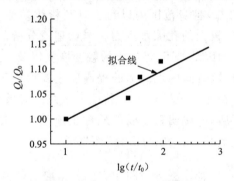

图 4.33 承载力随时间对数的增长

4.8 基于隔时复压试验的管桩承载力优化设计方法

国内外很多学者根据试验的结果提出了经验公式,太沙基也曾经提出承载力随时间呈线性增长,但被国内外广泛承认的还是 Skov & Denver(1998)提出的关系式,即公式(4.1),可变换形式:

$$Q_{change} = Q_0 A \lg(t/t_0) \tag{4.26}$$

其中,A 是时效系数;t_0 是承载力开始随时间对数线性增长的休止时间;Q_0 是与时间 t_0 相对应的承载力;Q_t 指成桩后 t 时刻的承载力;Q_{change} 指承载力的变化部分(增大或减小)。

沉桩过程中,桩周部分土体受到严重的扰动,沉桩后此部分土体发生重塑和固结,但此阶段不能采用传统的固结理论进行分析,为了区别于后期径向应力以及摩阻力的增加规律,采用休止时间 t_0 将两阶段进行区分。Skov & Denver 建议黏性土中 A、t_0 值取 0.6、1,而在砂土中则应分别取为 0.2、0.5;Rausche 等(1996)认为当取 $t_0 = 1$ d 时,A 值处于 0.2~0.8 范围内;Bullock(2005)将 A 的平均值取为 0.38。

将珠海试验结果进行标准化处理,如图 4.34 所示,此处将终止压力作为 0.001 d 时的承载力。可见,当取 $t_0 = 1$ d 时,A 值的范围为 0.22~0.25,且相关性显著。

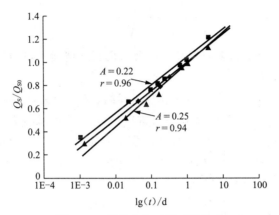

图 4.34 承载力与时间对数关系

4.8.1 静压桩的终压力取值问题

静压桩施工的停压标准可采用设计桩长控制、终压力值控制或两者兼顾。停压标准的选择与桩型、地质条件等因素有关。一般对纯摩擦桩,停压按设计桩长控制;对端承摩擦桩或摩擦端承桩,按终压力值控制;地质情况较为复杂时,则一般采用双重控制。

目前静压桩桩长的设计主要还是按照预制桩传统的设计方法进行,即根据土性指标计算。桩长设计中的岩土参数,都是采用间接方法得到的,用于计算静压桩时,不如由静压桩的终压力配合时间效应分析得到结果更为直接。

静压桩终压力的取值至今还没有全国性的技术标准,各设计单位根据当地经验提出要求。岩土地质情况是复杂的,笼统地按照某一地区性经验往往会忽略实际工程场地的特殊条件,造成经济浪费或影响工程安全。

可见,根据工程现场的实际地质情况,充分利用静压桩施工的特点,选择应用一种经济实用的设计方法是必要的。

4.8.2 复压对桩基承载力增长规律的影响

每次复压测读起动压力时,在压力的作用下桩基都会产生一定量的贯入,虽贯入量非常小,但也会对桩基的承载力的增长规律产生一定的影响。Axelsson(1998)认为每次复压或复打时均会在一定程度上增加径向有效应力 σ'_h 值。

实际工程中,除试验桩以外的工程桩均未受到复压的影响,因此引进复压调节系数的概念,对复压产生的影响进行修正,复压调节系数的表达式为:

$$C = \frac{A_{unrep}}{A_{rep}} \tag{4.27}$$

其中,A_{unrep} 和 A_{rep} 分别为未采用复压以及采用复压情况下,单根桩基的承载力时效系数。

Karlsurd & Haugen(1985)通过对超固结、高灵敏性的软黏土地基中,一组直径 153 mm、长度为 5 m 的闭口管桩进行为期 35 d 的承载力试验,认为静载以及高应变动力测试对承载力增长规律的影响值取为 0.33 是合适的;Miller 则通过模型静载试验发现,当 t_0 取为 1 d 时,此值在 0.33~0.45 范围内。笔者认为本设计方法中取 $C = 0.4$ 比较合适。

4.8.3 静压桩优化设计方法

基于隔时复压试验的静压桩优化设计方法主要适用于黏性土,但也不排除混有砂层的情况。当桩长确定时,优化设计中应充分利用在此桩长条件下承载力的增长,减少总桩数;当桩长可以变化时,可以根据试验结果对桩长或终压力进行优化,但应考桩长调整后桩端阻力值的改变。以下主要介绍桩长基本确定情况下的优化设计步骤。

(1)根据规范以及勘察结果,采用传统的方法进行桩长、桩径以及桩间距的设计。

(2)在工程场区进行桩的压入试验,试验桩数量不少于 2~3 根,并分布于场区典型土层剖面的位置。记录试验桩的终压值,并在压桩结束以后,每隔一定时间对试验桩进行复压,记录复压的起动压力。复压时间的选取根据现场情况而定,建议对每根试验桩至少进行 2~3 次,黏土或粉土(砂土)情况下成桩后 24 小时(12 小时)的复压试验是必须的,以利用此时的复压力作为公式(4.26)中的 Q_0 值。复压试验持续的时间应尽可能长一些,以减少曲线外推,提高对长期承载力判断的准确性。

(3)将静压桩终止压力以及复压起动压力进行整理,画出广义承载力增长曲线,并根据公式(4.26)确定 A 值,并对其进行修正,即:

$$A_{rec} = \frac{A \times C}{R} \tag{4.28}$$

其中,C 为复压调节系数,如公式(4.27)所示,取为 0.4;R 为安全系数,因工程中存在不确定因素,此处取为 2.0,以增加安全储备。

(4) 将修正后的 A 值代入下式确定桩基的最终(长期)承载力 $Q_{ultimate}$:

$$Q_{ultimate} = Q_0 [1 + A \lg(t_{ultimate}/t_0)] \tag{4.29}$$

大量试验证明,承载力随时间对数线性的增长可持续至 100 d 甚至更长,考虑到现行承载力确定方法要求黏性土的试验休止期为 15~25 d,建议取 $t_{ultimate} \geqslant$ 30 d,其后的承载力增长仅作为安全储备。黏性土或粉土情况下 t_0 取值为 1 d,而砂土情况下取为 0.5 d。

4.8.4　静压桩优化设计实例

本书 4.7.2 中所述的粉土地区工程,地质条件见表 4.10,初步设计桩长为 23 m,选取 3 根桩进行隔时复压试验,根据试验结果对初步设计进行优化。复压的结果如图 4.31 所示,承载力的增长与时间对数的关系如图 4.35 所示。

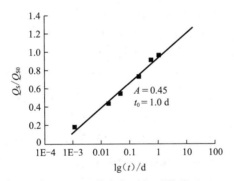

图 4.35　承载力与时间对数关系

当 $t_0 = 1.0$ d,$Q_0 = 2\,675$ kN 时,经计算得出 $A = 0.45$,修正后的结果为 $A_{rec} = 0.09$。此处 $t_{ultimate}$ 值取为 100 d,根据式(4.30)计算出整个工程施工结束时桩的承载力为 3 150 kN,因此将单桩承载力特征值优化为 1 550 kN,100 d 后进行的 3 组静载荷试验,验证了此设计值的合理性。由此,桩基工程总成本节约近 40%,缩短工期超过 20 d,经济效果显著。

4.9　本章小结

本章采用现场足尺试验和统计分析及建模解析计算等理论方法对开口混凝土管桩的承载力时间效应展开研究,获得了一些有益的结论,并提出了基于时间效应的静压桩承载力优化方法,总结如下。

(1)桩基承载力的增长来自于桩侧土的固结、触变恢复、土壳效应以及蠕变和老化效应,基于此,本书提出了承载力时效三阶段理论模型。分析表明,承载力三个阶段的增长分别来自于桩侧超孔隙水压力随时间对数的非线性消散、线性消散和土体的老化,而土的触变恢复、土壳效应和蠕变效应则贯穿于承载力增长全过程。

(2)充分考虑土塞对开口管桩承载力时间效应规律的影响,建立基于固结理论的承载力增长解析计算模型。计算结果表明,摩擦型开口管桩的承载力随时间呈对数型增长,相对增长速度随土塞率呈线性增大,完全非闭塞时的相对增长速度高出闭口桩约10%。

(3)通过静载荷试验对开口管桩的承载力时间效应进行研究。粉土地基试验结果表明,桩总承载力和单位侧阻随时间均呈对数型增长,每时间对数循环的承载力增幅为15%～27%,单位侧阻的平均增幅则为44%。黏性土地基试验结果表明,对应相同的加载量,休止期为25天时的沉降量相比7天时的沉降量减小幅度达57%～68%。

(4)首次提出静压桩隔时复压试验,并将其应用于静压管桩承载力时间效应研究。试验结果表明,饱和软黏土地基中静压桩的承载力随时间呈对数型增长,25 d时的承载力相比终止压力的增长幅度达2.5倍,如取$t_0=1.0$ d,每时间对数循环的承载力增幅为22%～25%,单位侧阻的平均增幅则为24%;粉土中静压桩的承载力随时间也呈对数型增长,24 h后承载力相比终止压力提高4倍之多,如取$t_0=1.0$ d,每时间对数循环承载力增幅为29%。

(5)充分利用时间效应带来的有益影响,提出了基于隔时复压试验的静压桩承载力优化设计方法。建议t_0在黏土和粉土以及砂土中的取值分别为1.0 d和0.5 d,并引进复压调节系数的概念。通过工程实例验证了优化方法的可行性。

(6)通过统计分析近2 000根静压开口混凝土管桩的静载荷试验结果和终压力实测数据,揭示了极限承载力与终压力的相关关系。研究显示,极限承载力与终压力的比值(压力比)随桩长径比的增加基本呈双曲线型增长;压力比的总体概率以及不同地质条件下的概率均呈F型分布,长径比小于临界值时压力比小于1;持力层为黏性土时压力比随长径比的增长幅度最大,砂土次之,基岩最小;持力层相同时,桩侧为粉土时的压力比最大,黏性土次之,软土最小。

第

第**5**章
开口管桩残余应力试验及理论研究

5.1 引　言

　　混凝土管桩、混凝土方桩、钢管桩、H型钢桩等预制桩均可采用静压法施工。沉桩过程中,当桩顶荷载卸除时,桩周土的约束使得桩身弹性压缩变形无法完全恢复,导致一部分应力被"锁"在桩内,此部分应力称之为施工残余应力,也称之为"内锁"应力。随着桩身的逐步贯入,压桩荷载循环次数不断增加,残余应力逐渐增大,压桩结束后的残余应力是不容忽视的。

　　施工残余应力是预应力混凝土管桩的主要施工效应之一。

　　常规的载荷试验在测定桩身荷载传递规律时,通常将传感原件进行清零处理,此举将忽略施工残余应力的影响,从而误估桩基承载力的性状:对于竖向抗压载荷试验,将会高估桩侧承载力而低估桩端承载力;对于竖向抗拔试验,则会低估桩侧承载力而高估桩端承载力。图5.1为残余应力对荷载传递影响的理想模型。

5.2 国内外研究成果汇总

　　桩端残余应力q_{pr}易测得,且可有效衡量桩身残余应力的水平,目前多数研究也是基于此指标而展开。表5.1为国内外试验测得的桩端残余应力汇总。可见桩端残余应力的大小十分分散,在$1.0\sim60$ MPa范围内均有分布,说明残余应力受诸多因素影响。总体而言,长径比越大、土质越硬则残余应力水平越显著,且静压沉桩大于锤击沉桩。

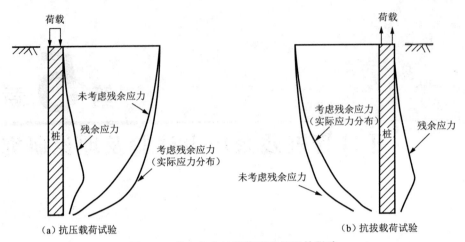

图 5.1　残余应力对荷载试验结果的影响

表 5.1　实测桩端残余应力汇总

数据来源	桩型	L_p/m	D_e/m	沉桩方式	桩端土描述	q_{pr}/MPa
Rieke & Crower (1987)	H 型钢桩	18.3	0.187	锤击	密实砂砾土,偶见卵石	4.6
Altaee 等(1992)	混凝土方桩	11.0	0.285	锤击	均质砂土,$d_{50}\approx0.1$ mm,SPT-$N\approx20$	2.8
Paik 等(2003b)	闭口钢管桩	6.9	0.356	锤击	密实砾质砂土,SPT-$N\approx27$	2.3
	开口钢管桩	7.0	0.204	锤击	密实砾质砂土,SPT-$N\approx27$	1.9
张明义(2004)	混凝土方桩	13.8	0.451	静压	密实砂砾土,SPT-$N=20$	4.2
Zhang & Wang (2007)	H 型钢桩	47.3	0.191	锤击	花岗岩残积土,SPT-$N\geqslant200$	29.8
	H 型钢桩	53.1	0.191	锤击	花岗岩残积土,SPT-$N\geqslant200$	38.2
	H 型钢桩	55.6	0.191	锤击	花岗岩残积土,SPT-$N\geqslant200$	26.7
	H 型钢桩	58.8	0.191	锤击	花岗岩残积土,SPT-$N\geqslant200$	28.1
	H 型钢桩	59.9	0.191	锤击	花岗岩残积土,SPT-$N\geqslant200$	15.8
Liu 等(2011)	开口 PHC 桩	19.5	0.414	静压	中密砂质粉土,SPT-$N=14$	1.0
俞峰等(2011d)	H 型钢桩	25.8	0.171	静压	花岗岩残积土,SPT-$N=186$	51.2
	H 型钢桩	41.4	0.171	静压	花岗岩残积土,SPT-$N=98$	57.2

5.3　残余应力的产生和作用机理

5.3.1　残余应力的产生

要研究残余应力的作用机理,应从残余应力的产生着手。基于静压预应力混凝土管桩的施工工艺,可将残余应力的产生细分为两个阶段,如图 5.2 所示。

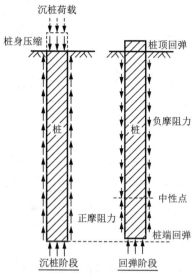

图 5.2　残余应力的产生过程

(1) 沉桩阶段。桩体在压桩力的作用下发生贯入,此时桩侧摩阻力的方向均向上,在沉桩荷载、桩侧摩阻力和桩端阻力三者共同作用下,桩身发生压缩。此部分压缩包括塑性变形和弹性变形。

(2) 回弹阶段。沉桩结束时,沉桩荷载移除,桩身发生整体回弹,部分桩身弹性变形发生释放。但桩身沿深度的回弹量是不同的,桩顶回弹量最大,其下沿深度逐渐递减。上部较大的回弹量使摩阻力的方向发生回转,由向上变为向下;下部回弹量较小,摩阻力的方向保持向上。可见,沿桩身必定存在残余摩阻力为零的深度,称之为中性点。当上部负摩阻力和下部正摩阻力及桩端残余阻力之和相等时,桩身达到平衡状态。

5.3.2　残余应力对承载力的影响

从残余应力的产生过程可以发现,沿深度不同的残余应力导致了桩周土单元在受荷之前不同的初始应力状态,致使土体沿着不同的应力路径加载,形成了不同的剪切强度。选取中性点以上、中性点和中性点以下三个典型的断面,分析桩土界面的剪切特征,如图 5.3 所示。可见,不同深度处的应力路径起点是不同的,应力路径在接近破坏时均指向临界破坏线,其斜率等于桩与土的临界摩擦角。受荷过程中,桩侧土单元的主应力方向均沿逆时针发生旋转,但由于残余摩阻力的存在不同深度处的旋转幅度是不一样的,随深度逐渐递减。

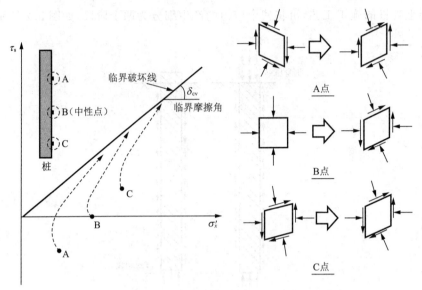

图 5.3 考虑施工残余应力的桩周土应力状态示意图

如图 5.4 所示,叠加残余应力后,中性点以上单位摩阻力减小,而中性点以下桩侧摩阻力增大,且桩端阻力的比例加大。说明,如果在静载试验成果分析中不考虑施工残余应力,将高估中性点以上的桩侧阻力,低估中性点以下的桩侧阻力及桩端阻力。

5.4 残余应力的足尺试验研究

5.4.1 试验概述

采用现场试验对静压开口混凝土管桩的残余应力进行研究,测定静压沉桩过程中产生的桩身与桩端残余应力,揭示残余应力与施工过程的关系。

采用光纤传感技术测试贯入过程及静置期间的桩身应力。光纤传感技术是预先在桩身安装半串联式的 FBG 传感器,通过测定光纤传感器的光波长信号,进而根据光波变化量计算得到测量点处的应变量。与传统的机械、电子类传感器相比较,光纤传感器具有灵敏度高、抗电磁干扰、精度高等优点。安装光纤传感器时,首先在管桩外壁画线定位,切浅槽植入半串联式的光纤传感器(FBG 传感器),而后用环氧树脂混合物封装保护,养护 5 d 后进行管桩的静力压入。

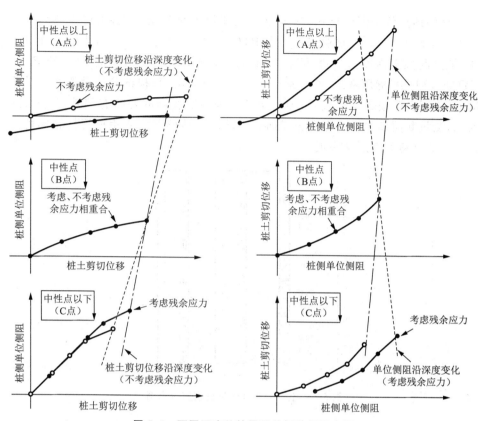

图 5.4　不同深度处的界面剪切特征示意图

图 5.5　光纤传感器安装过程

（a. 定位；b. 开槽；c. 植入；d. 封装）

试验地点位于浙江杭州,场地以黏土和粉土交互层为主,土层参数如章节2.2.4 中表2.4 所示。试验采用2 根 PTC-400(75)型预应力混凝土空心开口管桩,桩身混凝土强度为 C60,桩长 13 m,此处分别命名为试验桩 PJ-1 和 PJ-2。ZYC900 型桩机静压施工,贯入速率为 2～4 m/min。每根试验桩设置 6 个量测断面,断面间距按 2.5 m 设定,但基于开槽等原因实际间距略有偏差,如图 5.6 所示,测量断面基本位于土层分界面处。两端处传感器中心距离管桩端部均为 25 cm,以此避开金属端头板。

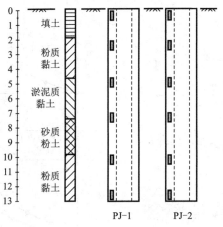

图 5.6　土层分布及传感器位置示意图

图 5.7　试验桩的压入及数据采集

5.4.2　试验结果及讨论

试验桩 PJ-1 和 PJ-2 的试验结果较为一致,如图 5.8 至图 5.15 所示。静压过程中的桩身荷载传递曲线(图 5.8 和图 5.12)显示,在不同贯入深度处,虽桩端土层情况有所差异,桩端阻力均为总沉桩阻力的 50%～70%。这说明,沉桩过程中的阻力主要来自于桩端,同时也说明沉桩过程中桩侧动态摩阻力是相对较小的。如图 5.9 和图 5.13 所示,桩侧动态摩阻力明显小于静态桩侧摩阻力规范建议值,尤其在贯入深度较大时更为明显。不同贯入深度时的摩阻力对比结果显示,同一水平位置处的单位桩侧滑动摩阻力随桩的贯入不断减小,此现象即为侧阻退化效应。

压桩力释放后的残余应力分布情况显示,嵌固于桩内的残余压应力是显著的,且随着贯入度的增加而增大。不同贯入深度情况下的桩身残余应力分布特征较为一致,即桩身上段存在负残余摩阻力,使桩身残余应力持续增加至某一最大值,桩身最大压应力的出现位置即为残余摩阻力的中性点。残余负摩阻力与中性点以下的正摩阻力及桩端残余压应力之和相平衡。

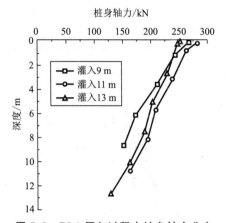

图 5.8　PJ-1 压入过程中桩身轴力分布

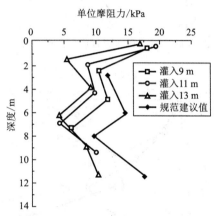

图 5.9　PJ-1 压入过程中桩侧摩阻分布

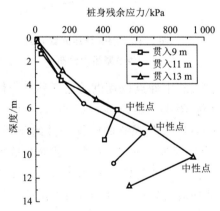

图 5.10　PJ-1 静压间歇时的桩身
残余应力分布

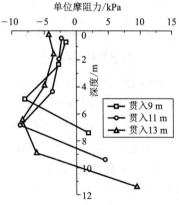

图 5.11　PJ-1 静压间歇时的
残余摩阻力分布

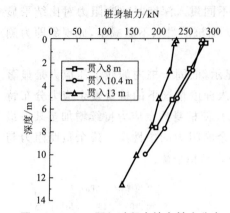

图 5.12　PJ-2 压入过程中桩身轴力分布

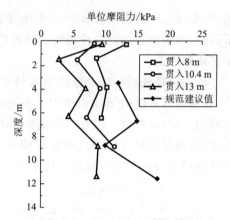

图 5.13　PJ-2 压入过程中桩侧摩阻分布

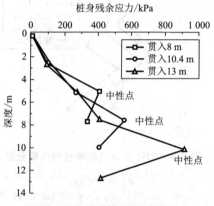

图 5.14　PJ-2 静压间歇时的
桩身残余应力分布

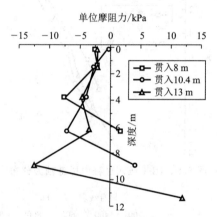

图 5.15　PJ-2 静压间歇时的
残余摩阻力分布

　　试验结果同时显示,随桩身贯入度的增加,中性点位置也随之下移。中性点的相对位置变化情况如图 5.16,同时也将 Rieke & Crower(1987)、Altaee 等(1992)、Zhang & Wang(2007)以及俞峰等(2011d)观测的数据一并绘于图中。其中,Z_n 为残余摩阻力中性点的深度;L_p 为桩的贯入度;D_e 为按桩截面积等效的桩径。图 5.16 表明,残余摩阻力中性点的相对位置与桩贯入度之间不存在明显关系,Z_n/L_p 之值大多介于 0.7～0.9,其平均值约为 0.8。可见,虽本试验采用的是开口管桩,但其中性点的位置与以往实体桩或闭口桩的试验结果并未有明显差异。两根试验桩的土塞高度分别为 1.51 m 和 1.36 m,较小的 PLR 值(分别为0.12 和 0.10)导致开口管桩的残余应力特征与闭口桩较为相似。

　　但需说明之处是,本次试验采用的是原型管桩,基于试验条件的局限,试验中并未能将内外侧摩阻力分离,由此得到的残余摩阻力也是内外侧残余摩阻力的叠加。如要将两者进行分离,"内外双筒模型桩"技术为有效途径,待后续研究将其完成,见章节 6.2.1。

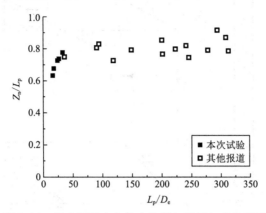

图 5.16　残余摩阻力中性点位置与桩贯入度的关系

5.5　残余应力的能量法求解

5.5.1　施工全过程的能量平衡

如前所述,静压预应力混凝土管桩的施工残余应力主要受沉桩和回弹两个阶段影响。沉桩阶段,桩身由于压缩而产生变形能 Π;回弹阶段,桩只受到土体的作用(忽略自重的影响),桩身释放的变形能与土体对其所做的功 Π_s 是等量的。回弹结束后,桩体处于平衡状态,此时残留在桩身内的变形能 Π_r 即为残余应力的体现。如忽略自重的影响,整个施工过程的能量平衡方程如下所示:

$$\Pi = \Pi_s + \Pi_r \tag{5.1}$$

5.5.2　沉桩阶段的能量方程

假定桩土界面荷载的传递符合理想线弹塑性模型,即桩侧阻力及桩端阻力达到极值后,在整个桩体贯入过程中保持恒定不变,如图 5.17 及图 5.18 所示。

沉桩结束时,单位桩侧极限摩阻力 f_u 随深度 z 的分布采用 β 法确定,忽略临界深度的影响,则压桩结束时摩阻力 f_u 随深度呈线性分布,表达式如下所示。

$$f_u = K \cdot \tan \delta \cdot \sigma'_v = \beta \cdot \gamma' \cdot z = k \cdot z \tag{5.2}$$

式中,K 为桩侧土压力系数;δ 为桩土界面摩擦角;σ'_v 为桩侧土竖向有效应力;γ' 为桩侧土有效重度;k 为摩阻力分布系数。

沉桩阶段结束,桩顶荷载释放之前,假设桩身只发生弹性压缩,此时桩身所储备的变形能量 Π 如下所示:

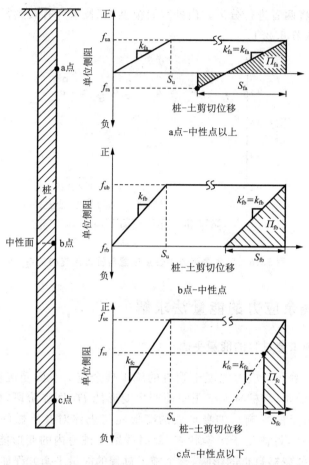

图 5.17　桩侧摩阻力加载及卸载过程示意图

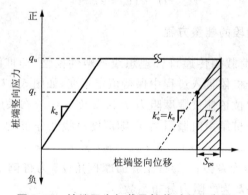

图 5.18　桩端阻力加载及卸载过程示意图

$$\Pi = \int_0^{L_p} \frac{N^2(z)}{2E_p A_p}\mathrm{d}z = \frac{1}{2E_p A_p}\left(\frac{2}{15}k^2 \zeta_s^2 L_p^5 + \frac{2}{3}q_u A_p k \zeta_s L_p^3 ++ q_u^2 A_p^2 L_p\right)$$

$$(5.3)$$

式中,$N(z)$为深度 z 处桩身轴力;E_p为桩身弹性模量;A_p为桩身截面积;L_p为桩埋置深度;ζ_s为桩截面周长;q_u为极限桩端阻力。

极限桩端阻力 q_u 可根据 Schmertman(1967)提出的经验公式,采用标贯击数 N 进行表示,如式(5.4)所示。如假定发挥极限端阻所需桩土相对位移为 10 mm,则刚度系数 k_e 可由式(5.5)计算得出。

$$q_u = 342.4 \cdot N \tag{5.4}$$

$$k_e = 34\,240 \cdot N \tag{5.5}$$

5.5.3　回弹阶段的能量方程

回弹阶段,单位侧阻与单位端阻的发展过程如图 5.17 和图 5.18 所示,此处假定回弹过程中桩端土刚度系数及桩侧剪切刚度系数与加载过程保持一致。桩身的回弹量从下往上逐渐递增(Alawneh 等,2000),不同的回弹量导致不同深度处土对桩所做的功也各不相同,如图 5.17、图 5.18 斜线区域所示。回弹过程中土对桩所做的功 Π_s 包括桩侧土所做的功 Π_f 和桩端土所做的功 Π_e 两部分。

回弹过程,桩侧摩阻力的变化即为极限摩阻力 f_u 与残余摩阻力 f_r 的差值,如图 5.19 所示。图 5.20 为 Zhang 等(2009)、俞峰等(2011)以及本章试验在不同贯入度时测定的残余摩阻力值在归一化后的结果,其中,横坐标和纵坐标分别用贯入桩长范围内的最大残余负摩阻力的绝对值和贯入桩长进行无量纲化处理。可见,虽然数据点较为分算,但分布趋势是明显的。即上部为负残余摩阻力而下部为正残余摩阻力;浅层处负残余应力值较小,随着深度增大而逐渐增大,最大值发生于$(0.7\sim0.9)L_p$深度处,随后出现转折。对比结果也显示,本试验中开口管桩的残余摩阻力分布模式与以往实体桩较为相似,这与 Paik 等(2003)采用内外双壁钢管桩在砂土中的试验结果一致:开口钢管桩外壁与内壁的残余摩阻力方向相反,但叠加后的分布趋势与实体桩相似。后者是分离开口管桩内外侧残余摩阻力的唯一一例试验报道。

据此,残余摩阻力的分布可采用折线型模型(俞峰,2011;Alawneh 等,2000),表达式如式(5.6)和式(5.7)所示:

$$f_r = \frac{z}{Z_{lim}}f_{lim} \quad (0 \leqslant z \leqslant Z_{lim}) \tag{5.6}$$

$$f_r = \frac{z - Z_n}{Z_{lim} - Z_n}f_{lim} \quad (Z_{lim} \leqslant z \leqslant L_p) \tag{5.7}$$

式中,f_{lim}为残余负摩阻力极值;Z_{lim}表示与 f_{lim}对应的深度;Z_n为中性点的深度。

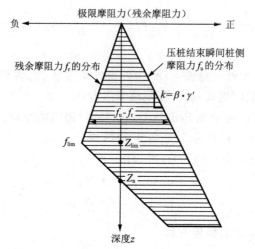

图 5.19　极限摩阻力及残余摩阻力分布

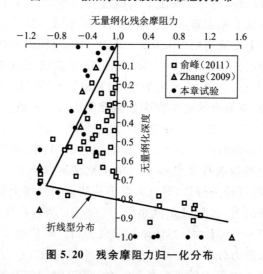

图 5.20　残余摩阻力归一化分布

假定对于同一类型土,发挥极限侧阻所需桩土位移 S_u 随深度保持不变,则桩侧剪切刚度系数 k_f 随深度为线性变化。则回弹过程中,桩侧土对桩所做的功 $\Pi_f = \Pi_{f1} + \Pi_{f2}$。其中 Π_{f1} 和 Π_{f2} 分别为中性点以上和以下部分桩侧土对桩所做的功,可分别采用公式(5.8)及公式(5.9)计算得出。回弹过程中,桩端土对桩所做的功 Π_e 如图 5.18 斜线区域所示,表达式如式(5.10)所示。

$$\Pi_{f1} = \frac{1}{2} \int_0^{z_n} \frac{f_u^2(z) + f_r^2(z)}{k_f(z)} \zeta_s \mathrm{d}z$$

$$= \frac{1}{2} \int_0^{z_{lim}} \frac{f_u^2(z) + f_r^2(z)}{k_f(z)} \zeta_s \mathrm{d}z + \frac{1}{2} \int_{z_{lim}}^{z_n} \frac{f_u^2(z) + f_r^2(z)}{k_f(z)} \zeta_s \mathrm{d}z$$

$$= \frac{1}{4} S_u \zeta_s \left(\frac{f_{lim}^2}{k} + k Z_n^2 \right) + \frac{f_{lim}^2 S_u \zeta_s}{(Z_{lim} - Z_n)^2 k}$$

$$\left[\frac{1}{4}(Z_n^2 - Z_{lim}^2) - Z_n(Z_n - Z_{lim}) + \frac{Z_n^2}{2}\ln\left(\frac{Z_n}{Z_{lim}}\right) \right] \tag{5.8}$$

$$\Pi_{f2} = \frac{1}{2}\int_{Z_n}^{L_p} \frac{f_u^2(z) - f_r^2(z)}{k_f(z)} \zeta_s dz$$

$$= \frac{1}{4} k S_u \zeta_s (L_p^2 - Z_n^2) - \frac{f_{lim}^2 S_u \zeta_s}{(Z_{lim} - Z_n)^2 k}$$

$$\left[\frac{1}{4}(L_p^2 - Z_n^2) - Z_n(L_p - Z_n) + \frac{Z_n^2}{2}\ln\left(\frac{L_p}{Z_n}\right) \right] \tag{5.9}$$

$$\Pi_e = \frac{1}{2}(q_u + q_r) S_e A_p = A_p S_e q_u - \frac{1}{2} A_p S_e^2 k_e \tag{5.10}$$

其中，q_u 及 k_e 可分别采用式(5.4)及式(5.5)计算得出；S_e 为桩端的回弹量，可利用桩端处单位侧阻与桩土位移的相关关系得出，如下所示：

$$S_e = \left(1 - \frac{L_p - Z_n}{Z_{lim} - Z_n} \cdot \frac{f_{lim}}{k L_p} \right) S_u \tag{5.11}$$

5.5.4　残余能量方程

桩身残余应力 σ_r 与桩侧残余摩阻力 f_r 之间存在以下微分关系：

$$\frac{d\sigma_r}{dz} = -\frac{\zeta_s}{A_0} f_r \tag{5.12}$$

根据残余摩阻力的折线分布模型(如式(5.6)及式(5.7))，所得桩身残余应力表达式(5.13)、式(5.14)，桩身残余变形能如式(5.15)所示。

$$\sigma_r = -\frac{\zeta_s z^2}{2 A_p Z_{lim}} f_{lim} \quad (0 \leqslant z \leqslant Z_{lim}) \tag{5.13}$$

$$\sigma_r = -\frac{\zeta_s (z^2 - 2Z_n z + Z_n Z_{lim})}{2 A_p (Z_{lim} - Z_n)} f_{lim} \quad (Z_{lim} \leqslant z \leqslant L_p) \tag{5.14}$$

$$\Pi_r = \frac{1}{2}\int_0^{L_p} \frac{N^2(z)}{E_p A_p} dz = \frac{f_{lim}^2 \zeta_s^2}{8 E_p A_p} \left\{ \frac{1}{5} Z_{lim}^3 + \frac{1}{(Z_{lim} - Z_n)^2}\left[\frac{L_p^5 - Z_{lim}^5}{5} - \right.\right.$$

$$Z_n(L_p^4 - Z_{lim}^4) - 2Z_n^2 Z_{lim}(L_p^2 - Z_{lim}^2) +$$

$$\left.\left. \frac{(L_p^3 - Z_{lim}^3)(4Z_n^2 + 2Z_n Z_{lim})}{3} + Z_n^2 Z_{lim}^2(L_p - Z_{lim}) \right] \right\} \tag{5.15}$$

5.5.5　参数分析

从以上模拟计算可知，残余负摩阻力极限 f_{lim} 受桩身尺寸及材料、桩侧及桩端土、中性点深度以及 f_{lim} 对应深度等众多因素的影响，即

$$f_{\lim} \sim f(Z_{\lim}, Z_n, N, S_u, k, L_p, A_p, \zeta_s, E_p) \tag{5.16}$$

图 5.16 为归一化后的中性点深度与桩长径比的关系。可见,中性点的相对位置与桩长径比之间不存在明显关联,与静压或锤击施工方式的关系也不大。Z_n/L_p 基本处于 $0.7\sim0.9$ 范围内,均值约为 0.8。$Z_{\lim}$ 可根据俞峰(2011d)提出的残余应力简化分布模型取值为 $0.732L_p$。对于颗粒土,参数 S_u 可取值为 0.01 m(Vesic,1967)。参数 $k=K\gamma'\tan\delta$,其中 K 为桩侧土压力系数,对于挤土桩和部分挤土桩,可分别取值为 1.0 和 0.8(API,1993);γ' 为桩侧土有效重度;δ 为桩土界面摩擦角。

桩端残余应力 q_r 与残余负摩阻力极限 $f_{\lim}$ 存在以下关系(俞峰,2011d):

$$q_r = -\frac{\zeta_s L_p}{9.4 A_p} f_{\lim} \tag{5.17}$$

根据模拟计算模型,得出的参数 L_p、E_p、A_p、ζ_s、δ 及 N 对桩端残余应力 q_r 的影响,如图 5.21 至图 5.26 所示。可见,随着参数 L_p、ζ_s、N、δ 的增大,桩端残余应力逐渐增大;相反,桩端残余应力随着 E_p 或 A_p 的增大而逐渐减小。对比发现,参数 L_p 和 A_p 对残余应力的影响最大,δ 和 ζ_s 次之,N 和 E_p 最小。说明桩身长径比以及桩土界面性状是影响残余应力大小的关键因素,这与实测的结果较为吻合。

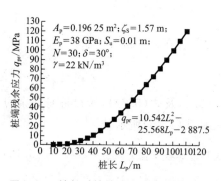

图 5.21 桩长对桩端残余应力的影响图

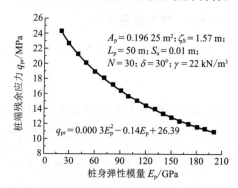

图 5.22 桩身弹性模量对桩端残余应力的影响

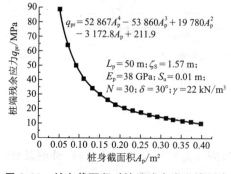

图 5.23 桩身截面积对桩端残余应力的影响

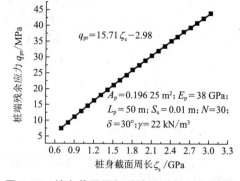

图 5.24 桩身截面周长对桩端残余应力的影响

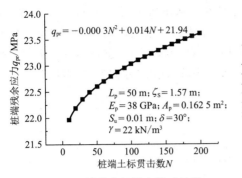

图 5.25　桩端土标贯击数对桩端
残余应力的影响

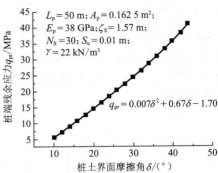

图 5.26　桩土界面摩擦角对桩端
残余应力的影响

5.5.6　实例对比

　　试验地点位于香港新界,场地分布较厚的全风化花岗岩残积土。试验采用 55C 级 H 型钢桩,腹板和翼板厚度均为 30 mm,采用静压法沉桩,终压力为 6 829 kN。基本试验参数如表 5.2 所示,具体试验情况参见 Yu 等(2010)。

　　桩身残余应力的计算值与实测值如图 5.27 所示,可见两者较为吻合。桩身上部计算值略大于实测值,此差异归因于沉桩对上部土体的扰动和侧阻退化效应,造成此范围内的实际摩阻力(即土对桩的约束力)低于理论值,因此上部更多的应力发生释放。

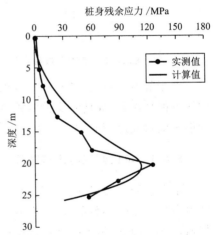

图 5.27　桩身残余应力实测值
与计算值比较

表 5.2　试验基本参数

桩长 L_p /m	桩身弹性模量 E_p/GPa	截面积 A_p /mm²	截面周长 ζ_s /mm	桩端 SPT-N	桩土摩擦角 δ /(°)	土重度 /(kN·m⁻³)
25.8	200	22 930	1 884	186	32	20

5.6　沉桩方式对残余应力的影响

　　静压沉桩产生的残余应力明显大于锤击沉桩,已得到广泛的认同(Randolph,2003;Zhang & Wang,2009)。此现象可从沉桩循环数的角度进行解释：由于压桩侧阻力的疲劳退化,导致了侧阻力释放后残余负摩阻力的退化,而退化速率与剪切循环(压桩循环)的次数密切相关(White,2004),如图 5.28 所示。静压法沉桩产生的压桩循环次数明显小于锤击法,因此,前者施工产生的残余应力则更为显著。

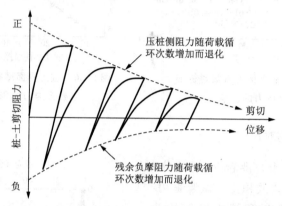

图 5.28　桩贯入过程中的桩-土界面剪切行为示意图(俞峰,2011)

对于静压法沉桩,如每一压桩循环所完成的贯入深度不同,同样会产生不同的压桩循环次数,如此不同的沉桩方式也会对施工残余应力产生影响,本章节借助能量法对此进行研究。

5.6.1　单位侧阻与沉桩循环关系的建立

根据俞峰等(2010d)和 White & Lehane(2004)试验的结果,建立单位桩侧摩阻力与压桩循环数的关系,如图 5.29 所示。可见,两次试验的数据分布规律相似,单位桩侧摩阻力随沉桩循环次数的增加而发生明显的减小,衰退趋势基本成指数分布,如表达式(5.18)所示：

$$f_m = f_u \cdot e^{-0.173 \cdot n} \tag{5.18}$$

其中,f_m 为经历退化效应后某深度处的桩侧最终单位摩阻力;f_u 为退化前的桩侧单位极限摩阻力;n 为某深度处所经历的沉桩循环次数。

退化前桩侧单位极限摩阻力 f_u 随深度 z 的分布可采用 β 法确定,如前述表达式(5.2)所示。忽略临界深度的影响,则经历退化后的桩侧摩阻力表达式如下所示：

$$f_m = K \cdot \tan \delta \cdot \sigma_v' \cdot e^{-0.173 \cdot n} = k \cdot z \tag{5.19}$$

其中,

$$n = \left[\frac{L_p - z}{h_i} \right] \tag{5.20}$$

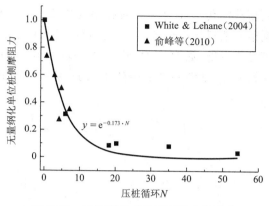

图 5.29　沉桩循环对桩侧摩阻力的影响

式中，K 为桩侧土压力系数；δ 为桩土界面摩擦角；σ_v' 为桩侧土竖向有效应力；γ' 为桩侧土有效重度；k 为摩阻力分布系数；h_i 为每一压桩循环所实现的贯入深度；[ ] 表示向下取整。

　　不同的沉桩方法（即沉桩结束时所施加的总沉桩循环次数 N 不同），所对应的特定条件下的桩侧摩阻力的分布如图 5.30 所示。可见，随着总沉桩循环次数的增加桩侧摩阻力发生明显的衰退，桩身上部的衰退幅度明显大于桩身下部。

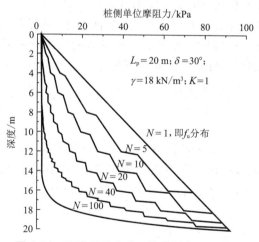

图 5.30　不同沉桩方式下的桩侧摩阻力分布

5.6.2　能量平衡的建立

　　静压桩施工过程的能量平衡方程为 $\Pi = \Pi_s + \Pi_r$，参数意义同前：Π 为压桩过程中的桩身变形能；Π_s 为沉桩结束桩身回弹所释放的变形能；Π_r 则为残留于桩身的变形能。

假定桩土界面荷载的传递符合理想线弹塑性模型。对于桩侧摩阻力,在每一压桩循环中达到最大值后保持恒定不变。而每一循环中的最大桩侧摩阻力随循环次数的增加而发生衰退,如图 5.31 所示;对于桩端阻力,达到极值后在整个桩体贯入过程中保持不变,如前述章节中的图 5.18 所示。沉桩结束时桩身所储备的变形能量 Π 如下所示:

$$\Pi = \int_0^{L_p} \frac{N^2(z)}{2E_p A_p} \mathrm{d}z \tag{5.21}$$

其中,

$$N(z) = \int_0^{L_p} f_m \zeta_s \mathrm{d}z + q_u A_p - \int_0^z f_m \zeta_s \mathrm{d}z \tag{5.22}$$

式中,$N(z)$ 为深度 z 处桩身轴力;E_p 为桩身弹性模量;A_p 为桩身截面积;L_p 为桩埋置深度;ζ_s 为桩截面周长;f_m 采用式(5.19)计算得出。q_u 为极限桩端阻力,可采用公式(5.4)计算得出。

回弹过程,土对桩所做的功 Π_s 包括桩侧土做功 Π_f 和桩端土做功 Π_e 两部分。假定回弹过程中桩端土刚度系数及桩侧剪切刚度系数与加载过程保持一致,单位端阻与单位侧阻的发展过程分别如图 5.18 和图 5.31 所示。桩土界面所经历的压桩循环数以及回弹量沿桩身从下往上逐渐递增,因此不同深度处土对桩所做的功也各不相同,如图 5.31 斜线区域所示。

残余摩阻力的分布采用折线型模型,如前所述,采用表达式(5.6)和表达式(5.7)计算得出。回弹过程中,桩侧土对桩所做的功采用公式(5.23)计算得出,其中 Π_{f1} 和 Π_{f2} 分别为中性点以上和以下部分桩侧土对桩所做的功。

$$\Pi_f = \Pi_{f1} + \Pi_{f2} = \frac{1}{2}\int_0^{z_n} \frac{f_m^2(z) + f_r^2(z)}{k_f(z)} \zeta_s \mathrm{d}z + \frac{1}{2}\int_{z_n}^{L_p} \frac{f_m^2(z) - f_r^2(z)}{k_f(z)} \zeta_s \mathrm{d}z$$
$$\tag{5.23}$$

式中,$f_m(z)$ 和 $f_r(z)$ 的表达式分别如式(5.19)和式(5.6)、式(5.7)所示。假定对于同一类型土,发挥极限侧阻所需桩土位移 S_u 随深度保持不变,则桩侧剪切刚度系数 k_f 随深度为线性变化,表达式如式(5.24)所示,式中符号同前所述。

$$k_f(z) = \frac{f_u(z)}{S_u} = \frac{K \cdot \tan\delta \cdot \gamma'}{S_u} \cdot z \tag{5.24}$$

回弹过程中,桩端土对桩所做的功 Π_e 采用式(5.10)得出。残余摩阻力采用折线分布模型,所得桩身残余应力如表达式(5.13)、表达式(5.14)所示,桩身残余变形能如式(5.15)所示。

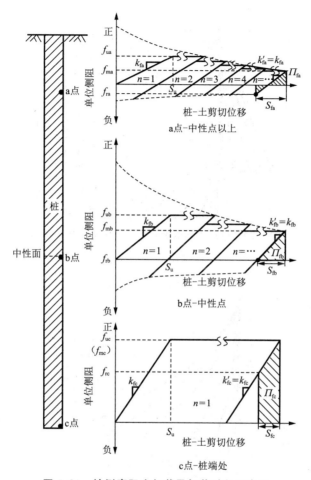

图 5.31　桩侧摩阻力加载及卸载过程示意图

5.6.3　基于模拟计算的影响模式研究

桩土界面摩擦性状是影响桩身残余应力的关键因素之一,土对桩的约束越大则残余应力越大(Alawneh & Husein Malkawi,2000)。不同的沉桩方式在沉桩结束时所产生的桩侧摩阻力是有明显差异的,残余应力也是不同的。图 5.32和图 5.33 为基于以上残余应力的解答,计算得出的在特定土质和桩身条件下残余摩阻力和桩身残余应力随总沉桩循环数的增加而发生的变化情况。可见,随着总沉桩循环数的增加,残余摩阻力和桩身残余应力均发生了明显的衰退,且衰退速率逐渐变缓。此规律在图 5.34 中更为明显,桩端残余应力随总沉桩循环数呈指数型衰减。说明沉桩方法对残余应力的影响是非常显著的。

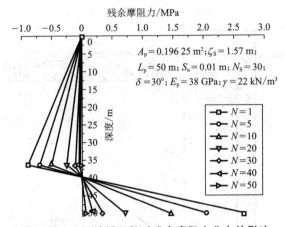

图 5.32　总沉桩循环数对残余摩阻力分布的影响

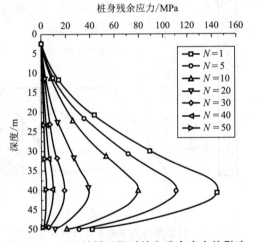

图 5.33　总沉桩循环数对桩身残余应力的影响

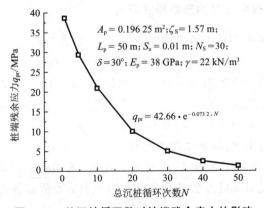

图 5.34　总沉桩循环数对桩端残余应力的影响

5.6.4　实例对比

不同沉桩循环数下的静压桩残余应力的实测对比数据在可查文献中未有报道。因此,此处采用锤击桩和静压桩残余应力的对比数据来验证以上模拟计算方法的可靠性。试验地点位于香港,场地土层自上而下分别为填土、海洋沉积土、冲积土和全风化花岗岩残积土。其中全风化花岗岩残积土的性质类似于砂土。静压桩 RJP-1 和锤击桩 1B1-4 均采用 55C 级 H 型钢桩,基本试验参数如表 5.3 所示,沉桩循环次数等具体试验情况参见 Zhang & Wang(2009)。

静压桩和锤击桩残余摩阻力的实测值如图 5.35 所示。可见,锤击桩的残余摩阻力微乎其微,明显小于静压桩的残余摩阻力。两种沉桩方法下的残余摩阻力计算值也绘于图中,可见实测值与计算值较为吻合,沉桩方法对残余应力的影响得到有效体现。

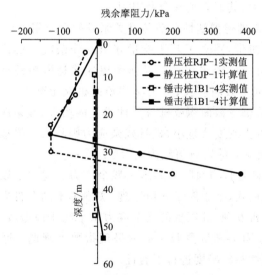

图 5.35　残余摩阻力实测值与计算值比较

表 5.3　香港工程实例基本参数

桩号	桩长 L_p /m	桩身弹模 E_p/GPa	截面积 A_p /mm²	截面周长 ζ_s/mm	桩端土标贯击数 SPT-N	桩土摩擦角 δ/(°)	土重度 /(kN·m⁻³)	桩侧土压力系数 K
RJP-1	34.8	205	22 930	1 884	185	32	20	1.0
1B1-4	56.6	205	28 500	1 917	>500	32	20	1.0

5.7 本章小结

本章阐述了施工残余应力的产生和作用机理,并利用足尺桩试验和建模解析计算对施工残余应力进行了系统深入的研究,成果总结如下。

(1)残余应力来自于沉桩结束后桩周土对桩身回弹的约束,沿深度不同的桩身回弹导致桩侧土单元不同的初始应力状态以及加载过程中不同的应力路径。不考虑施工残余应力将高估中性点以上的桩侧阻力,低估中性点以下的桩侧阻力及桩端阻力。

(2)采用光纤传感技术对开口管桩施工过程中的残余应力展开足尺试验研究。试研究发现,残余应力水平随桩贯入深度的增加而逐渐增大,最大残余应力约为沉桩结束前桩身最大应力的30%;中性点深度为桩入土深度的0.7~0.9,其上为负残余摩阻力,其下为正残余摩阻力。

(3)采用剪切带理想弹塑性荷载传递关系及残余摩阻力折线型分布假定,以桩身弹性变形能为纽带,建立了基于能量守恒的残余应力的模拟计算解答。解析计算结果表明,桩身长径比和桩土界面摩擦性状是影响桩身残余应力的关键因素。随着桩长、桩身截面周长、桩土摩擦角或桩端土标贯击数的增大,残余应力随之增大;而随着桩身截面积或桩身弹性模量的增大,残余应力逐渐减小。表明桩长径比越大,桩土刚度比越小,桩身残余应力则越大。模拟计算结果与粗粒土中H型钢桩残余应力的实测值较为吻合。

(4)沉桩方法显著影响预制桩的施工残余应力。建立了以压桩循环为参数的桩侧摩阻力退化模式,基于能量守恒原理,实现了不同沉桩方式下残余应力的模拟计算解答。分析发现,静压桩的残余应力水平高于锤击数,且随着总沉桩循环数的增加,残余摩阻力和桩身残余应力呈现指数型衰退。通过现场试验对模拟计算方法的合理性和精确度进行了验证。

第**6**章
结论与展望

6.1　本课题研究成果

静压开口混凝土管桩的施工效应包括土塞效应、挤土效应、承载力时间效应和残余应力四部分。它们彼此相互影响共同制约桩的承载力受力性状。本书采用现场足尺试验、室内物理力学试验，以及统计分析和建模解析计算等理论方法，对开口混凝土管桩的施工效应展开系统研究，深入分析了土塞效应、挤土效应、承载力时间效应及残余应力的本质特征及其相关关系，全面揭示了开口管桩的破坏机理和承载力性状。本书的主要研究结论如下。

（1）通过不同地质条件下的足尺桩试验和室内土工试验，获得了沉桩过程中土塞的发展规律，以及土塞的物理力学特性和分层特征。首次建立并解答了开口混凝土管桩"桩中桩"荷载传递解析计算模型，并结合黏性土地基中足尺桩静荷载试验，揭示了开口管桩的荷载传递性状和承载力发挥特征。同时，提出了更适用于开口混凝土管桩的基于静力触探试验的 ZJU 承载力设计方法。研究发现：

① 管桩径厚比越大，形成的土塞相对高度越大；上硬下软的土层分布易出现闭塞现象，而上软下硬时则易造成土塞的滑动；开口管桩沉桩过程中，管壁端阻与静力触探锥尖阻力具有良好的可比性，两者比值在中密粉土和黏性土中分别为 0.81 和 0.59；土塞端阻随土塞增长率的增大呈线性减小。黏性土和粉土交互层地基中的静力触探试验表明，桩端以下 4～5 倍桩径范围内土体的工程性质优于原状土。

② 土塞在形成过程中被挤密，挤密范围为桩端以上 4～5 倍桩径，幅度沿高度大致呈线性降低，桩端处土塞的静力触探锥尖阻力和探头阻力高于原状土

67%和96%,;土塞分层与原状土层分布基本一致,各层之间的界面或呈向上凸起的曲面;土塞的剪切破坏面位于桩内壁凹凸面外侧边缘的土塞中;土塞的抗剪承载力存在时间效应,在法向应力下静置 24 小时后黏聚力提高 10%以上。

③ 随着桩顶荷载的增加,荷载逐渐向桩端传递,由纯摩擦桩向端承摩擦桩过渡;单位桩侧摩阻力随桩土位移的增加大致呈现双曲线分布规律;黏土和粉质黏土充分发挥侧阻所需的桩土位移分别为 0.003～0.001 4D 和 0.003 6～0.012D。开口管桩的承载力略小于闭口桩,且随土塞率的增大呈线性减小;开口管桩的端阻多数由管壁承担;土塞摩擦力集中在桩端以上 2 倍桩内径范围内,桩端处的土塞摩阻力为桩壁外侧摩阻力的 3.4 倍。

(2) 通过现场足尺桩试验,研究了开口管桩沉桩过程中及静置期内地基土中径向总应力、孔隙水压力和位移的变化规律,并揭示了群桩挤土对单桩承载力的影响。基于试验结果,将桩体的贯入过程模拟为半无限体中球孔的连续扩张,建立了开口管桩挤土效应模拟解析计算模型。同时,采用自主研制的恒刚度剪切试验仪,揭示了剪切循环对桩土界面摩阻力退化的影响规律。研究发现:

① 地基土中的孔压随着桩体的贯入逐渐增大,当桩端达到其相同深度处时增大至最大值,而后随着桩的继续贯入而迅速减小,孔压受桩体贯入影响的竖向范围为 12 倍桩径;桩壁处的超孔隙水压力峰值约为上覆有效应力的 1.18 倍,超孔隙水压力沿径向呈对数型衰减,影响范围约为 15 倍桩径。

② 沉桩过程中地基土径向总应力的最大值出现在桩端达到其相同深度处时,径向总应力受桩体贯入影响的竖向范围为 14～16 倍桩径。沉桩过程中桩端水平面内出现负有效应力,来自于土体的水力压裂,沉桩结束时的有效应力为 10～15 kPa。

③ 沉桩过程中地基土的最大水平位移发生于渗透系数最小的土层中。地基土的竖向位移主要发生于桩的浅层贯入阶段,最大地面隆起量约为 6 mm,出现于桩壁外侧 0.5 倍桩径处,在此以外 3 倍桩径范围内逐渐减小至零。

④ 桩土界面的剪应力随剪切循环的增多呈指数型衰退,约 30 个循环后基本保持稳定,且法向刚度越大衰退幅度越大。黏性土地基中群桩挤土使单桩的承载力降低约 50%,源于群桩施工造成的桩体上浮和地基土结构破坏。

(3) 首次提出并应用隔时复压试验,并结合足尺桩的静载荷试验以及建模解析计算,揭示了开口管桩承载力随时间的增长规律;通过统计分析近 2 000 根静压混凝土管桩实测承载力数据库,获得了开口管桩极限承载力与终压力的相关关系。研究发现:

① 粉土地基中开口管桩的总承载力和单位侧阻随时间均呈对数型增长,每时间对数循环的承载力增幅为 15%～27%,单位侧阻的平均增幅为 44%。对应

相同的加载量,黏性土地基中的开口管桩在休止期为 25 d 时的沉降量相比 7 d 时的沉降量减小幅度达 57%～68%。

② 饱和软黏土地基中静压桩的承载力随时间呈对数型增长,25 天时的承载力相比终止压力的增长幅度达 2.5 倍,如取 $t_0=1.0$ d,每时间对数循环的承载力增幅为 22%～25%,单位侧阻的平均增幅则为 24%;粉土中静压桩的承载力随时间也呈对数型增长,24 h 后承载力相比终止压力提高 4 倍之多,如取 $t_0=1.0$ d,每时间对数循环承载力增幅为 29%。

③ 单桩极限承载力与压桩结束终压力的比值(压力比)随桩长径比的增加基本呈双曲线型增长;压力比的总体概率以及不同地质条件下的概率均呈 F 型分布,长径比小于临界值时压力比小于 1;持力层为黏性土时压力比随长径比的增长幅度最大,砂土次之,基岩最小;持力层相同时,桩侧为粉土时的压力比最大,黏性土次之,软土最小。

④ 粉土中摩擦型开口管桩的承载力随时间呈对数型增长,相对增长速度随土塞率呈线性增大,完全非闭塞时的相对增长速度高出闭口桩约 10%。

(4) 深入分析了施工残余应力的产生和作用机理,并采用足尺桩试验揭示了残余应力与沉桩过程的相关关系,基于试验结果,建立了基于能量守恒的半经验半解析计算模型,研究了桩身尺寸、地质条件以及沉桩方式对残余应力的影响。研究发现:

① 残余应力来自于沉桩结束后桩周土对桩身回弹的约束,不考虑施工残余应力将高估中性点以上的桩侧阻力,低估中性点以下的桩侧阻力及桩端阻力。残余应力水平随桩贯入深度的增加而逐渐增大,最大残余应力约为沉桩结束前桩身最大应力的 30%;中性点深度为桩入土深度的 0.7～0.9,其上为负残余摩阻力,其下为正残余摩阻力。

② 桩身长径比和桩土界面摩擦性状是影响桩身残余应力的关键因素。随着桩长、桩身截面周长、桩土摩擦角或桩端土标贯击数的增大,残余应力随之增大;而随着桩身截面积或桩身弹性模量的增大,残余应力逐渐减小。表明桩长径比越大,桩土刚度比越小,桩身残余应力则越大。静压桩的残余应力水平高于锤击桩,且随着总沉桩循环数的增加,残余摩阻力和桩身残余应力呈现指数型衰退。

6.2 进一步研究的建议与展望

6.2.1 "内外双筒"足尺模型桩的研发和应用

开口混凝土管桩的侧摩阻力由内壁和外壁两部分组成,如在桩身外侧直接安装传感器,所测得的数值为内外壁摩阻力之和。尽管在本课题的研究中,笔者采用了一系列的假设和经验公式对内侧摩阻力进行了估计,但有待于试验结果的验证。"内外双筒"试验桩是目前分离开口桩内外壁摩阻力最为有效的试验技术,在国外钢管桩的研究中已得到了一定的应用,如,Paik & Lee(1993)、Choi & O'Neill(1997)、Lehane & Gavin(2001)、Paik & Salgado(2003)、Paik 等(2003)。然而,国内"内外双筒"试验桩的研发和应用仍为空白,严重制约了相关领域的研究,亟待解决。笔者对此的建议如下。

"内外双筒"混凝土管桩的示意图如图 6.1 所示。试验桩的内筒和外筒均采用钢板卷制而成,内外筒的直径应能保证两者之间留有一定缝隙,以备安装滑动垫片减小两者的摩擦。钢板卷曲前喷射高强度水泥砂浆以保证内外壁的摩擦特征与实际相符。桩顶位置采用钢板将内外筒焊接在一起,桩端位置的端头板只与内筒焊接而与外筒分离。此举保证桩体受力时内外双筒可自由变形,由此可测得分离后的内外壁摩擦力。内外筒制作完成后进行传感器的安装,而后进行组合。密封硅胶可防止地下水进入内外筒之间的缝隙中。采用连有重物的绳索进行土塞高度的动态监测。

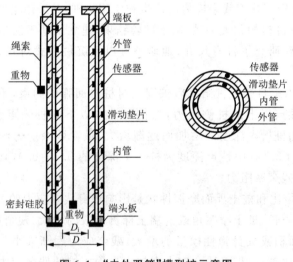

图 6.1　"内外双筒"模型桩示意图

"内外双筒"混凝土管桩的尺寸可根据模型槽的大小而定,制作和试验技术成熟后可应用到足尺桩的相关研究中。"内外双筒"混凝土管桩可对开口桩体贯入和受荷加载过程中的内外壁摩阻力进行准确的测读。

6.2.2　静钻根植新型竹节管桩的研发和应用研究

植入桩最先研发并应用于日本,并在近 20 年的时间里得到迅猛发展,至今已经研发出 60 余种,我国在此领域相对滞后。静钻根植新型竹节管桩是用大螺旋钻先喷浆搅拌形成水泥土至设计深度,然后将竹节管桩植入到已成的水泥土孔中成桩的一种新型桩基础。静钻根植新型竹节管桩工法集钻孔、注浆、深层搅拌、挤压、扩孔、预制技术于一身,有效解决了挤土、废弃泥浆及水平抗荷载能力等方面的问题。此工法施工流程共分为 4 步:钻孔→扩底→喷浆→植桩,如图6.2 所示。

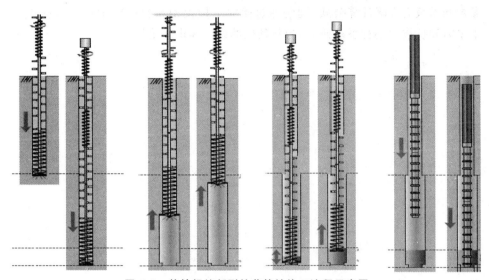

图 6.2　静钻根植新型竹节管桩施工流程示意图

笔者所在课题组在静钻根植新型竹节管桩的研发和基础性试验中已开展了一定的研究,但此新桩型的承载力特征有待进一步揭示,笔者建议进一步深入开展以下研究。

(1)静钻根植新型竹节管桩桩侧与桩端水泥土的物理力学参数研究。通过对室内不同配比注浆水泥土、现场桩侧桩端钻取的水泥土土样与原状土的对比试验,来揭示各类土层随水泥掺量和龄期的强度变化规律。通过室内水泥土的固结试验,得到不同土层的最佳水泥浆配合比。

(2)静钻根植新型竹节管桩桩侧与桩端水泥土的微观机理研究。通过对室内不同配比注浆水泥土、现场桩侧桩端钻取的水泥土土样与原状土的扫描电镜等对比试验,来揭示水泥土与原状土的微观结构变化。

(3)室内单桩和群桩模型试验研究。通过室内单桩和群桩的模型静载试验,揭示该新型桩单桩的桩侧土与桩端土的破坏模式、群桩桩侧土与桩端土的破坏模式,并揭示其破坏机理。

(4)现场埋设有钢筋应力计和土压力盒的原型足尺桩静载试验研究。通过对现场埋设有钢筋应力计和土压力盒的原型足尺桩静载试验揭示原型桩侧阻端阻的荷载传递规律等受力性状和破坏模式。

（5）足尺桩的抗弯剪试验研究。通过足尺桩的抗弯剪试验，对加强型管桩和竹节桩的抗弯剪能力、变形特征及破坏形态进行研究。

（6）解析计算和数值模拟。通过解析计算和数值模拟，建立静钻根植新型竹节管桩侧阻及端阻发挥的本构模型，得出各种规格新型桩在不同地质下的设计参数和承载力沉降计算公式，同时通过建立本构模型和数值模拟对新型桩的抗水平力和抗拔力进行系统研究，为新型桩的设计提供理论依据。

参考文献

[1] Altaee,A.,Fellenius,B. H.,and Evgin,E. Load transfer for piles in sand and the critical depth[J]. *Canadian Geotechnical Journal*,1993,30(3):455-463.

[2] Alawneh,A. S.,and Husein Malkawi,A. I. Estimation of post driving residual stresses along driven piles in sand[J]. *Geotechnical Testing Journal*, 2000,23(3):313-326.

[3] Alawneh,A. S.,Nusier,O.,Husein Malkawi,A. I.,and Al-Kateeb,M. Axial compressive capacity of driven piles in sand: a method including post-driving residual stresses[J]. *Canadian Geotechnical Journal*,2001,38(2):364-377.

[4] Alsamman,O. M. The use of CPT for calculating axial capacity of drilled shafts[D]. Urbana:University of lllinois,USA,1995.

[5] American Petroleum Institute (API). *Recommended practice of planning, designing and constructing fixed offshore platforms-working stress design* (20th edition)[M]. Washington:API Publishings,1993:59-61.

[6] Astedt,B.,Weiner,L.,and Holm,G. Increase in bearing capacity with time for friction piles in silt and sand[J]. *Proc. Nordic Geotech. Meeting*,1992: 411-416.

[7] Attwooll,W. J.,Holloway,D. M,Rollins,K. M.,et al. Measured Pile Setup During Load Testing and Production Piling-I-15 Corridor Reconstruction Project in Salt Lake City[R]. Utah:Transportation Research Record 1663, Paper No. 99-1140,2001:1-7.

[8] Axelsson,G. Long-term set-up of driven piles in sand evaluated from dynamic tests on penetration rods[C]//Robertson,P. K. and Mayne,P. W. *Proceeding of the First International Conference on Site Characterization*. Brookfield:Taylor & Francis Group,1998:895-900.

[9] Axelsson G. Long-term set-up of driven piles in non cohesive soils[D]. Stockholm:Royal Institute of Technology,2000.

[10] Axelsson,G. A conceptual model of pile set-up for driven piles in non-cohesive soil[J]. *Deep Foundations Congress,Geotechnical Special Publication*,2002,116(1):64-79.

[11] Baligh,M. M. Strain path method[J]. *Journal of Geotechnical Engineering*,1985,111(9):1108-1136.

[12] Baligh,M. M. Undrained deep penetration,I: shear stresses[J]. *Geotechnique*,1986,36(4):471-485.

[13] Baligh,M. M. Undrained deep penetration,II: pore pressures[J]. *Geotechnique*,1986,36(4):487-501.

[14] Baligh,M. M.,and Levadou,J. N. Consolidation after undrained piezoeone penetratlon[J]. *Journal of Geotechnital Engineering*,1986,112(7):727-745.

[15] Barmpopoulos,I. H.,and Ho,T. K. Y.,Jardine,R. J. et al. The large displacement shear characteristics of granular media against concrete and steel interface[C]//Frost,J.D. *Proceedings of the Conference on the Behavior of interfaces*. Amsterdam:IOS Press,2008:17-24.

[16] Blanchet,R.,Tavenas,F.,and Garneau,R. Behavior of friction piles in soft sensitive clays[J]. *Can. Geotech. J.*,1980,17(2):203-224.

[17] Bjerrum,L.,and Johannessen,I. J. Pore pressure resulting from driving piles in soft clay[C]//Norwegian Geotechnical Institute. *Conf. on Pore Pressure and Suction in soil*. Oslo:Butterworths Press,1960:14-17.

[18] Bogard,J.D.,and Matlock,H. Application of model pile tests to axial pile design[C]//OTC. *Proceedings of the 22nd annual Offshore Technology Conference*. Houston:Richardson Publisher,1990:271-278.

[19] Bozozuk,M. Soil disturbance from pile driving in sensitive day[J]. *Can. Geotech. J.*,1978,15(3):346-361.

[20] Branko,L.,and Hugo,L. Short- and Long-term sharp cone tests in clay[J]. *Canadian Geotechnical Journal*,2005,42(1):136-146.

[21] Briaud,J. L.,and Tucker,L. Piles in sand: a method including residual stresses[J]. *Journal of Geotechnical Engineering*,1984,110(11):1666-1680.

[22] Bullock,P. J.,Schmertmann,J. H.,McVay,M. C. and Townsend,F. C.

Side Shear Setup. I: Test Piles Driven in Florida[J]. *Journal of Geotechnical and Geoenvironmental Engineering*,2005,131(3):292-300.

[23] Bullock,P. J.,Schmertmann,J. H.,McVay,M. C. and Townsend,F. C. Side Shear Setup. II: Results from Florida Test Piles[J]. *Journal of Geotechnical and Geoenvironmental Engineering*,ASCE,2005,131(3): 301-310.

[24] Burland,J. B. Shaft friction of piles in clay- a simple foundation approach [J]. *Ground Engineering*,1973,6(3):30-42.

[25] Bustamante,M.,and Gianseslli,L. Pile bearing capacity prediction by means of static penetrometer CPT[C]//Verruijt,A. *Pcoceedings of the 2nd European Symposium on Penetration Testing*. Amsterdam: CRC Press,1982:493-500.

[26] Butterfied R,and Banerjee P K. The elastic analysis of compressible pile and pile groups[J]. *Geotechnique*,1971,21(1):43-60.

[27] Camp,W. M.,and Parmar,H. S. Characterization of Pile Capacity with Time in the Cooper Marl-Study of Application of a Past Approach to Predict Long-Term Pile Capacity[J]. *Journal of the Transportation Research Board*,1999,(1663):16-24.

[28] Canadian Geotechnical Society. *Canadian Foundation Engineering Manual*[M]. Richmond:BiTech Publishers,1992.

[29] Cao,L. E.,THE,C. I.,and Chang,M. F. Undrained cavity expansion in modified cam clay I: Theoretical analysis[J]. *Geotechnique*,2001,51(4): 323-334.

[30] Carter,J. P.,Booker,J. R.,and Yeung,S. K. Cavity expansion in cohesive frictional soils[J]. *Geotechnique*,1986,36(3):349-353.

[31] Carter,J.P.,Randolph,M.F.,and Wroth,C.P. Some aspects of the performance of open-and closed-ended piles[C]//Institution of Civil Engineering. *Proceedings of the Conference on Numerical Methods in Offshore Piling*. London:ICE Publishing,1980:165-170.

[32] Chang,M. F.,The,C. I. and Cao,L. E. Undrained cavity expansion in modified Cam clay II: Application to the interpretation of the piezocone test[J]. *Geotechnique*,2001,51(4):335-350.

[33] Chao,S. D.,Eigenbrod,D. K.,and Wriggers,P. Finite element analysis of pile installation using large-slip frictional contact[J]. *Computers and*

Geotechnics,2005,32(1):17-26.

[34] Charlie W. A.,Rwebyogo M. F. J. and Doehring D. O. Time-dependent cone penetration resistance due to blasting[J]. *J. Geotech. Engng.*,1993, 118 (8):1200-1215.

[35] Cheung Y. K.,Tham L. G.,and Guo D. J. Analysis of pile group by infinite layer method[J]. *Geotechnique*,1988,38(3):415-431.

[36] Choi,Y.,and O'Neill,M. W. Soil plugging and relaxation in pipe pile during earthquake motion[J]. *J. Geotech. Geoenvir. Eng.*,1997,123(10): 975-982.

[37] Chopra,M. B. Finite element analysis of time-dependent large-deformation problems[J]. *International Journal of Numerical and Analytical Methods in Geomechanics*,1992,16(1):101-130.

[38] Chow. F. C. *Investigations into the behaviour of displacement piles for offshore foundations*[D]. London:Imperial College,1997.

[39] Chow F. C.,Jardine R. J.,Naroy J. F.,and Brucy F. Effects of time on capacity of pipe piles in dense marine sand[J]. *J. Geotech. Engng.*,1998, 124(3):254-264.

[40] Chow,Y. K.,and The,C. I. A theoretical study of pile heave[J]. *Geotechnique*,1990,40(1):1-14.

[41] Clausen,C.J.F.,Aas,P.M. and Karlsrud,K. Bearing capacity of driven piles in sand,the NGI approach[C]//Gourvenec,S. and Cassidy,M. *Proceedings of 1st International Symposium on Frontiers in Offshore Geotechnics*. London:Taylor Francis,2005:677-681.

[42] Cooke,R.W. Influence of residual installation forces on the stress transfer and settlement under working loads of jacked and bored piles in cohesive soils[J]. *American Society for Testing and Materials:Behaviour of deep foundations*,1979:231-249.

[43] Cooke,R.W.,and Price,G. Strains and displacements around friction piles [C]//Tsytovich,N. A. and Chetyrkin,N. S. *Proceedings of the 8th International Conference on Soil Mechanics and Foundation Engineering*. Moscow:Plenum Publishing,1973:53-60.

[44] Costa,L. M.,Danziger,B. R.,and Lopes,F. R. Prediction of residual driving stresses in piles[J]. *Canadian Geotechnical Journal*,2001,38(2):410-421.

[45] Coyle, H. M., and Reese, L. C. Load transfer for axially loaded piles in clay [J]. *Journal of the Soil Mechanics and Foundations Division*, 1966, 92 (2):1-26.

[46] Danziger, B.R., Costa, A.M., Lopes, F.R., and Pacheco, M.P. Back-analyses of closed-end pipe piles for an offshore platform[C]//Barends, F. B. J. *Proceedings of the 4th International Conference on the Application of Stress-Wave Theory to Piles*. Rotterdam:CRC Press, 1992:557-562.

[47] D'Appolonia, D. J., and Lambe, T. W. Performance of four foundations on end-bearing piles[J]. *J. Soil Mech. Found. Div.*, 1971, 97(1):77-93.

[48] Darrag, A. A., and Lovell, C. W. A simplified procedure for predicting residual stresses for piles[C]//Pubns Committee of the XII Icsmfe Staff. *Proceedings of the 12th International Conference on Soil Mechanics and Foundation Engineering*. Brookfield:Taylor & Francis, 1989:1127-1130.

[49] Decourt, L. Thoughts concerning the interpretation of successive load tests on the same pile[C]//Chilean Society of Soil Mechanics and Foundation Engineering. *Proceedings of 9th Panamerican Conference on Soil Mechanics and Foundation Engineering*. Valparaiso:Special Technical Publication, 1991:585-597.

[50] DeJong, J., Randolph, M. F., and White, D. J. Interface load transfer degradation during cyclic loading: a microscale investigation[J]. *Soils and Foundations*, 2003, 43(4):81-89.

[51] De Nicola, A., and Randolph, M. F. The plugging behavior of driven and jacked piles in sand[J]. *Géotechnique*, 1997, 47(4):841-856.

[52] De Ruiter, J., and Beringen, F. L. Pile foundation for large North Sea structures[J]. *Marine Geotechnology*, 1979, 3:267-314.

[53] Dingle, H. The testing and analysis of jacked foundation piles[D]. Cambridge:Cambridge University, 2006.

[54] Doherty, P., Gavin, K., and Gallagher, D. Field investigation of the undrained base resistance of pipe piles in clay[J]. *Geotechnical Engineering*, 2010, 163(1):13-22.

[55] Ekström J. *A field study of model pile group behaviour in non-cohesive soils*[D]. Gothenburg:Chalmers Univ. of Technology, 1989.

[56] Eurocode 3 *Design of Steel Structures* [M]. Brussels:The European Committee for standardization, 1993:79-84.

[57] Fahey,M.,Lehane,B. M.,Stewart,D. Soil stiffness for shallow foundation design in the Perth CBD[J]. *Australian Geomechanics Journal*,2003,38 (3):61-90.

[58] Fellenius B.H.,Edde R.D. and Beriault L.L. Dynamic and static testing for pile capacity in a fine-grained soil[C]//Balkema A A. *Proc. Of the 4th Int. Conf. on the Application of Stress Wave Theory to Piles*. Rotterdam:CRC Press,1992:401-408.

[59] Fellenius,B. H.,Riker,R. E.,O'Brian,A. J. and Tracy,G. R.,1989. Dynamic and static testing in soils exhibiting set-up[J]. *J. Geotech. Engng., ASCE*,115(7):984-1001.

[60] Fioravante,V. On the shaft friction modeling of non-displacement piles in sand[J]. *Soils and Foundations*,2002,42(2):23-33.

[61] Fioravante,V.,Jamiolkowski,M.,and Lancellotia,R. An analysis of pressure meter holding test[J]. *Geotechnique*,1994,44(2):227-238.

[62] Fleming,W. G. K. A new method for single pile settlement prediction and analysis[J]. *Géotechnique*,1992,42(3):411-425.

[63] Fleming,W.G.K.,Weltman,A.J.,Randolph,M. F. and Elson,W.K. *Pile Engineering* (2nd edition)[M]. Sydney:Halsted Press,1992.

[64] Eriksson,H. *Behaviour of driven piles evaluated from stress wave measurements performed during dynamic probing*[D]. Stockholm:Royal Institute of Technology,1992.

[65] Esrig,M. I.,and Kirby,R. C. Soil capacity for supporting deep foundation members in clay[J]. *ASTM Special Technical Publication*,1979,670:27-63.

[66] Gavin,K. G. Experimental investigations of open and closed-ended piles in sand[D]. Dublin:University of Dublin,1998.

[67] Gavin,K. G.,and Lehane,B. M. The shaft capacity of pipe piles in sand [J]. *Can. Geotech. J.*,2003,40(1):36-45.

[68] Gavin,K. G.,O'Kelly,B. C. Effect of friction fatigue on pile capacity in dense sand[J]. *Journal of Geotechnical and Geoenvironmental Engineering*,2007,133(1):63-71.

[69] Ghionna,V. N.,Jamiolkowski,M.,Lancellotta,R.,and Pedroni,S. Base capacity of bored piles in sands from in situ tests[C]//Van Impe, W. F. *Geotechnical Seminar on Deep Foundation on Bored and Auger Piles.*

Amsterdam:IOS Press,1993:67-75.

[70] Gibson,R. E.,and Anderson W. F. In situ measurement of properties with the pressuremeter[J]. *Civil Engineering and Public Works Review*,1961, 56 (658):615-618.

[71] Goble,G.G.,and Hery,P. Influence of residual forces on pile driveability [C]//Holm,G.,Bredenberg,H.,et al. *Proceedings of the 2nd International Conference on the Application of Stress Wave Theory to Piles*. Stockholm:Hill Publishers,1984:154-161.

[72] Gregersen,O.S.,Aas,G.,and DiBiagio,E. Load tests on friction piles in loose sand[C]//Tsytovich,N. A.,Chetyrkin,N. S. *Proceedings of the 8th International Conference on Soil Mechanics and Foundation Engineering*. Dordrecht:Kluwer Academic Publishers-Plenum Publishers, 1973: 109-117.

[73] Hagerty,D. J.,Peek,R. B. Heave and lateral movements due to pile driving[J]. *Journal of Soil Mechanical Foundations Division*,1971,97(11): 1513-1532.

[74] Heerema,E. P. Predicting pile driveability: heather as an illustration of the friction fatigue theory[J]. *Ground Engineering*,1980,13:15-37.

[75] Heerema,E. P.,and Jong,A. An advanced wave equation computer program which simulates dynamic plugging through a coupled mass-Spring system[C]//Institution of Civil Engineers(UK).*Conference On Numerical Methods in Offshore Piling*. London:Institution of Nuclear Engineers, 1980:37-42.

[76] Heydinger,A. G.,and O'neill M. W. Analysis of axial pile-soilinteraction in clay[J]. *International Journal for Numerical and Analysis Method in Geomechanics*,1986,10(4):857-871.

[77] Holloway, D. M.,Clough, G. W.,and Vesic,A. S. The effects of residual driving stress on pile performance under axial loads[C]//American Institute of Mining, Metallurgical, and Petroleum Engineers. *Proceedings of the Tenth Annual Offshore Technology Conference*. Houston: Offshore Technology Conference,1978:2225-2236.

[78] Huang, S. Application of Dynamic Measurement on Long H-Pile Driven into Soft Ground in Shanghai[C]//Fellenius,B. H. *Proc. of 3rd International Conference on the Application of Stress-Wave Theory to Piles*. Ot-

tawa:Bitech Publishers,1988:635-643.

[79] Hunter,A. H.,and Davisson,M. T. Measurement of Pile Load Transfer [C]//ASTM Committee. *Proc. of Conf. Performance of Deep Foundations*. West Conshohocken:American Society for Testing and Materials, 1969:106-117.

[80] Hwang,J. H.,Yu,T. Y. Ground vibration due to dynamic compaction[J]. *Soil Dynamics and Earthquake Engineering*,2006,26(5):337-346.

[81] Hwang,J. H.,Liang,N. and Chen,C. H. Ground response during pile driving[J]. *Journal of Geotechnical and Geoenvironmental Engineering*, 2001,127(11):939-949.

[82] Jardine,R.,Chow,F.,Overy,R. et al. *ICP Design Methods for Driven Piles in Sands and Clays*[M]. London: Thomas Telford Publishing,2005.

[83] Johnston,I. W.,Lam,T. S. K.,and Williams,A. F. Constant normal stiffness direct shear testing for socketed pile design in weak rock[J]. *Géotechnique*,1987,37(1):83-89.

[84] Karlsrud,K.,and Haugen,T. Axial static capacity of steel model piles in overconsolidated clays[C]. Idriss,I. M. *Proceedings of 11th International Conference on Soil Mechanics and Foundation Engineering*. Rotterdam: Balkema Publisher,1985:1401-1406.

[85] Kishida,H,and Isemoto,N. Behaviour of sand plugs in open-end steel pipe piles[C]//Japanese Society of Soils Mechanics and Foundation Engineering. *Proceedings 9th International Conference Soil Mechanics*. Dordrecht: Kluwer Academic Publishers-Plenum Publishers,1977:601-604.

[86] Komurka,V. E.,Wagner,A. B.,and Edil,T. B. Estimating Soil/Pile Set-Up[R]. Wisconsin Department of Transportation,USA WHRP Report No. 03-05,2003.

[87] Kulhawy F. H. Limiting tip and side resistance:fact or fallacy [C]//Joseph R. M. *Proceedings of Symposium on Analysis and Design of Pile Foundations*. San Francisco:American Society of Civil Engineers,1984:80-98.

[88] Ladanyi,B.,and Foriero,A. A numerical solution of cavity expansion problem in sand based directly on experimental stress-strain curves[J]. *Can. Geotech. J.*,1998,35(4):541-559.

[89] Lee,F. H.,Juneja,A.,and Tan,T. S. Stress and pore pressure changes due

to sand compaction pile installation in soft clay[J]. *Géotechnique*,2004,54 (1):1-16.

[90] Lee,J. H.,and Salgado,R. Determination of pile base resistance in sands [J]. *Journal of Geotechnical and Geoenvironmental Engineering*,1999, 125(8):673-683.

[91] Lehane,B. M. *Experimental investigations of pile behaviour using instrumented field piles*[D]. London:Imperial College,1992.

[92] Lehane,B. M.,Chow,F. C.,McCabe,B. A.,and Jardine,R. J. Relationships between shaft capacity of driven piles and CPT end resistance[J]. *Geotechnical Engineering*,2000,143(2):93-101.

[93] Lehane,B. M.,and Gavin,K. Base resistance of jacked pipe piles in sand [J]. *Journal of Geotechnical and Geoenvironmental Engineering*,2001, 127(6):473-480.

[94] Lehane,B.M.,Schneider,J.A.,and Xu,X. The UWA-05 method for prediction of axial capacity of driven piles in sand[C]//Susan G.,Mark,C. *Proceedings of International Symposium on Frontiers in Offshore Geotechnics*. Brookfield:Taylor & Francis Group,2005:683-689.

[95] Lehane,B.,Schneider,J,and Xu,X. CPT based design of driven piles in sand for offshore structures[R]. GEO:05345. Perth:University of Western Australia,2005.

[96] Lehane,B. M.,and White,D. J. Lateral stress changes and shaft friction for model displacement piles in sand[J]. *Can. Geotech. J.*,2005,42:1039-1052.

[97] Leonards,G. A.,and Darrag,A. A. Analysis of residual stress effects in piles,Discussion[J]. *Journal of Geotechnical Engineering*,1987,113:589-593.

[98] Leong,E. C.,and Randolph,M. F. Finite element analyses of soil plug response[J]. *International Journal for Numerical and Analytical Methods in Geomechanics*,1991,15(1):121-141.

[99] Leung,C. F.,Lee,F. H.,and Yet,N. S. Centrifuge model study on pile subject to lapses during installation in sand[J]. *Int. J. Phys. Modeling Geotech.*,2001,1(1):47-57.

[100] Liu,J.W.,Zhang,Z.Z. and Yu,F.Case History of Installing Instrumented Jacked Open-Ended Piles[J]. *Journal of Geotechnical and Geoenviron-*

mental Engineering,2012,138(7):810-820.

[101] Lo,K. Y.,and Stermac,A. G. Induced pore pressure during pile-driving operations[C]//Pells, P. J. N., Robertson, A. M. *Proc. of 6th Int. Conf. Soil Mech. Found. Eng.* Toronto:University of Toronto Press, 1965:285-289.

[102] Long,J. H.,Bozkurt,D.,Kerrigan,J. A.,and Wysockey,M. H. Value of Methods for Predicting Axial Pile Capacity[R].Transportation Research Record 1663,No. 99-1333,1999,p. 57-63.

[103] Mabsout,M. E. and Tassoulas,J. L. A finite element model for the simulation of pile driving[J]. *International Journal for Numerical Methods in Engineering*,1994,37:257-278.

[104] Maiorano,R.M.S.,Viggiani,C.,and Randolph,M.F. Residualstress system arising from different methods of pile installation[C]//Townsend,F. C.,Hussein,M.,McVay,M. C. *Proceedings of the 5th International Conference on the Application of Stress-Wave Theory to Piles.* Gainesville:University Press of Florida,1996:518-528.

[105] Malhotra,S. Effect of wall thickness on plugging of open ended steel pipe piles in sand[C]//Camp,W.,Castelli,R.,Laefer,D. F,and Paikowsky,S. *Laefer Contemporary Issues in Deep Foundations* (GSP 158). Reston: ASCE Publications,2007.

[106] Massad,F. The interpretation of load tests in piles,considering the residual point loads and the skin friction reversion. Part I. Relatively homogeneous soils São Paulo[J]. *Revista Solos e Rochas*,1992. 15(2):103-115.

[107] McCabe,B. A.,and Lehane,B. M. Behavior of axially loaded pile group driven in clayed silt[J]. *J. Geotech. Geoenviron. Eng.*,2006,132 (3): 401-410.

[108] McVay,M. C.,Schmertmann,J.,Townsend,F.,and Bullock,P. Pile friction freeze:A field and laboratory study[R]. Florida Department of Transportation,1999,Vol. 1,192-195.

[109] Miller,G. A.,and Lutenegger, A. J. Influence of pile plugging on skin friction in overconsolidated clay[J]. *Journal of Geotechnical and Geoenvironmental Engineering*,1997,123(6):525-533.

[110] Mindlin,R. D. Force at a point in the interior of a semi-infinite soild[J]. *Physics*,1936,7:195-202.

[111] Ng E. S.,Tsang S. K. and Auld B. C. Pile foundation: The behaviour of piles in cohesionless soils[R]. Federal Highway Adm. Report FHWA-RD-88-081,1988.

[112] Orrije,O.,and Brom,B. B. Effects of pile driving on soil properties[J]. *Journal of Soil Mechanical Foundations Division*,1967,93(5):59-73.

[113] O'Neill,M. W.,Hawkins,R. A.,and Audibert,J. M. E. Installation of pile group in overconsolidated clay[J]. *Journal of the Geotechnical Engineering Division*,1982,108:1369-1386.

[114] O'Neill M. W.,and Raines,R. D.,Load transfer for pipe piles in highly pressured dense sand[J]. *Journal of Geotechnical Engineering*,1991, 117(8):1208-1226.

[115] Paik,K. H.,and Lee,S. R.,Behavior of soil plugs in open-ended model piles driven into sands[J]. *Marine Georesources and Geotechnology*, 1993,11(4):353-373.

[116] Paik,K.,and Salgado,R. Determination of Bearing Capacity of Open-Ended Piles in Sand[J]. *Journal of Geotechnical and Geoenvironmental Engineering*,2003,129(1):46-57.

[117] Paik,K.,Salgado,R.,Lee J.,and Kim B. Behavior of open- and closed-ended piles driven into sands[J]. *Journal of Geotechnical and Geoenvironmental Engineering*,2003,129(4):296-306.

[118] Paik,K.,and Salgado,R. Effect of pile installation method on pipe pile behavior in sands[J]. *Geotech. Test. J.*,2004,27(1):1-11.

[119] Paikowsky,S. G.,Whitman,R. V. The effects of plugging on pile performance and design[J]. *Canadian Geotechnical Journal*,1990,27:429-440.

[120] Pestana,J. M.,Hunt,C. E.,and Bray,J. D. Soil deformation and excess pore pressure field around a closed-ended pile[J]. *J. Geotech. Geoenviron. Eng.*,2002,128(1):1-12.

[121] Poulos,H. G. Analysis of residual stress effects in piles[J]. *Journal of Geotechnical Engineering*,1987,113(3):216-229.

[122] Poulos, H. G. Efect of pile driving on adjacent piles in clay[J]. *Can. Geotech. J.*,1994,31(6):856-867.

[123] Poulos, H. G.,and Davis,E. H. *Pile Foundation Analysis and Design* [M]. New York:John Wiley and Sons,1980.

[124] Preim,M. J.,March,R.,and Hussein,M. Bearing capacity of piles in soils with time dependent characteristics[C]//Burland,J. B. *Proc.,3rd Int. Conf. on Piling and Deep Foundations*. Amsterdam:CRC Press,1989: 363-370.

[125] Randolph,M. F. Modelling of the soil plug response during pile driving [C]//Hong Kong Institution of Engineers,Southeast Asian Geotechnical Society. *Proc. 9th South East Asian Geotechnical Conference*. Pennsylvania:Southeast Asian Geotechnical Society,1987:1-14.

[126] Randolph,M.F. The effect of residual stress in interpreting stress wave data[C]//Beer,G.,Booker,J.R. and Carter,J. P. *8th International Conference on Computer Methods and Advances in Geomechanics:Computer Methods and Advances in Geomechanics,A.A. Balkema*. Rotterdam:International Association for Computer Methods and Advances in Geomechanics,1991:777-782.

[127] Randolph, M. F. Science and empiricism in pile foundation design[J]. *Geotechnique*,2003,53(10):847-875.

[128] Randolph,M. F.,Carter,J. P. and Wroth,C. P. Driven piles in clay-the effects of installation and subsequent consolidation[J]. *Géotechnique*, 1979,29(4):361-393.

[129] Randolph,M. F.,Dolwin,J.,and Beck,R. Design of driven piles in sand [J]. *Géotechnique*,1994,44(3):427-448.

[130] Randolph,M. F.,Leong E. C.,and Houlsby,G. T. One-dimensional analysis of soil plugs in pipe piles[J]. *Géotechnique*,1991,41(4):587-598.

[131] Randolph,M. F.,May,M. Leong E. C.,Hyden,A. M.,et al. Soil plug response in open-ended pipe piles[J]. *Journal of Geotechnical Engineering*,1992,118(5):733-743.

[132] Randolph,M. F.,and Wroth,C. P. Analysis of deformation of vertically loaded piles [J]. *Journal of the Geotechnical Engineering Division*, 1978,104(12):1465-1488.

[133] Randolph,M. F.,and Wroth,C. P. An analytical solution for the consolidation around a driven pile[J]. *Int. J. Numer. Anal. Methods Geomech.*,1979,29(3):217-229.

[134] Rausche F., Thendean G., Abou-matar H., et al. Determination of pile drivability and capacity from penetration tests[R]. Report no. FWHA-

RD-96-179,Volume 1.,1997.

[135] Rieke,R. D.,and Crowser,J. C. Interpretation of pile load test consider-ing residual stresses[J]. *Journal of Geotechnical Engineering*,1987,113(4):320-334.

[136] Robert,Y. A few comments on pile design[J]. *Canadian Geotechnical Journal*,1997,34(4):560-567.

[137] Roy,M.,Blanchet,R.,Tavenas,F.,et al. Behavior of sensitive clay during pile driving[J]. *Can. Geotech. J.*,1981,18(2):67-85.

[138] Reese,L. C.,and Seed,H. B. Pressure distribution along friction piles[J]. *Transactions*,1957,122(2882):731-754.

[139] Sagaseta,C. Analysis of undrained soil deformation due to ground loss [J]. *Geotechnique*,1987,37(3): 67-86.

[140] Sagaseta,C.,and Whittle, A. J. Prediction of ground movements due to pile drving in clay[J]. *Journal of Geotechnical and Geoenvironmental Engineering*,2001,127(11):939-949.

[141] Samson,L.,and Authier,J. Change in pile capacity with time,Case histo-ries[J]. *Canadian Geotech. Journal*,1986,23(1):174-180.

[142] Schmertmann J. H. The mechanical aging of soils. 25th Terzaghi Lecture [J]. *J. Geotech. Engng.*,1991,117(8):1288-1330.

[143] Schmertman,J. H. Guidelines for use in the soils investigation and design of foundations for bridge structures in the State of Florida[R]. Research Report 121-A,Florida Department of Transportation,1967.

[144] Schneider,J.A.,and White,D.J. Back analysis of Tokyo port bay bridge pipe pile load tests using piezocone data[C]//Yoshiaki Kikuchi et al. *International Workshop on Recent Advances of Deep Foundations*. Brookfield:Taylor & Francis,2007:183-194.

[145] Seidel J.P,Haustorfer,I.J.,and Plesiotis S. Comparison of dynamic and static testing for piles founded into limestone[C]//Barends,F.B.J. *Proc. 3rd Int. Conf. App. Stress-wave Theory to Piles*. Rotterdam:CRC Press,1988:717-723.

[146] Selby, A. R. *Control of Vibration and Noise during Piling* [M]. Scunthorpe:British Steel Corporation,1997.

[147] Skov,R.,and Denver, H. Time-dependence of Bearing Capacity of Piles [C]. Comparison of dynamic and static testing for piles founded into

limestone[C]//Barends,F.B.J. *Proc. 3rd Int. Conf. App. Stress-wave Theory to Piles*. Rotterdam:CRC Press,1988:879-888.

[148] Soderman,L. G.,and Milligan,V. Capacity of friction piles in varved clay increased by electro-osmosis[C]//ICSMFE Committee. *Proceedings of the 5th International Conference on Soil Mechanics and Foundation Engineering*. Paris:Dunod,1961:143-147.

[149] Svinkin,M.R.,Morgano,C. M. and Morvant,M. Pile Capacity as a Function of Time in Clayey and Sandy Soils[C]//Deep Foundations Institute. *Proceedings of 5th International Conference and Exhibition on Piling and Deep Foundations*. Belgium:Deep Foundations Institute Press,1994:1-8.

[150] Tan,S. L.,Cuthbertson,J. and Kimmerling,R. E. Prediction of Pile Set-up in Non-cohesive Soils. Current Practices and Future Trends in Deep Foundations[J]. *Geotechnical Special Publication*,2004,125:50-65.

[151] Tavenas F.,and Audy,R. Limitations of the driving formulas for predicting bearing capacities of piles in sand[J]. *Can. Geotech. J.*,1972,9(1):47-62.

[152] Terzaghi,K.,and Peck,R. B. *Soil Mechanics in Engineering Practice* [M]. New York:John Wiley & Sons,1948.

[153] Thompson,C. D. and Thompson,D. E. Real and apparent relaxation of driven piles[J]. *Journal of Geotechnical Engineering*,1985,111(2):225-237.

[154] Thurman A G.,D'Appolonia. Computed movement of friction and end-bearing piles embedded in uniform and stratified soils [C]//National Research Council of Canada. Associate Committee on Soil and Snow Mechanics. *Proceeding of 6th International Conference on Soil Mechanics and Foundation Engineering*. Toronto: University of Toronto Press,1965:323-327.

[155] Trochanis,A. M.,Bielak,J.,and Christiano,P. Three-dimension nonlinear study of piles[J]. *Journal of Geotechnical Engineering*,1991,117(3):429-447.

[156] Vesic,A. S. A study of bearing capacity of deep foundations[R]. Final Report Project B-189,Georgia Institute of Technology,Engineering Experiment Station,Atlanta,1967.

[157] Vesic A. S. Expansion of cavities in infinite soil mass[J]. *Soil Mech. and Foud. Div.*,1972,98(3):265-290.

[158] Vesic, A. S. On the significance of residual loads for load response of piles[C]//Doshitsu Kōgakkai. *Proceedings of the ninth International Conference on Soil Mechanics and Foundation Engineering*. Tokyo:Japanese Society of Soil Mechanics and Foundation Engineering,1977:374-379.

[159] Wendel,E. *On the Test Loading of Piles and Its Application to Foundation Problems in Gothenburg*[M]. Gothenburg:Tekniska Samf Goteberg handl.,1900(7):3-62.

[160] White D. J. *An Investigation into the Behavior of Press-in Piles*[D]. Cambridge: University of Cambridge,2002.

[161] White, D. J., and Bolton, M. D. Displacement and strain paths during plane strain model pile installation in sand[J]. *Géotechnique*, 2002,54 (6):375-398.

[162] White,D.J.,and Deeks,A.D. Recent research into the behaviour of jacked foundation piles[C]// Yoshiaki Kikuchi,Jun Otani,Makoto Kimura. *International Workshop on Recent Advances of Deep Foundations*. Amsterdam:CRC Press,2007:3-26.

[163] White,D. J.,Finlay,T. C. R.,Bolton,M. D.,et al. Press-in piling:Ground vibration and noise during pile installation[J]. *ASCE Special Publication*,2002,116:363-371.

[164] White,D. J.,and Lehane,B. M. Fiction fatigue displacement piles in sand [J]. *Géotechnique*,2004,54(10):645-658.

[165] Whittle, A. J., and Sutabutr, T. Prediction of Pile Setup in Clay[R]. Transportation Research Record 1663,Paper No. 99-1152,1999:33-40.

[166] Xu,X.,Schneider J. A.,and Lehane B. M. Cone penetration test (CPT) methods for end-bearing assessment of open- and closed-ended driven piles in siliceous sand[J]. *Canadian Geotechnical Journal*,2008,45(8): 1130-1141.

[167] Xu,X. T.,Liu,H,L.,and Lehane,B. M. Pipe pile installation effects in soft clay[J]. *Geotech. Eng.*,2006,159(GE4):285-296.

[168] Yang,J.,Tham,L. G.,Lee,P. K. K.,et al. Observed performance of long steel H-piles jacked into sandy soils[J]. *J. Geotech. Geoenviron. Eng.*,

2006,132(1):24-35.

[169] Yang,N. C. Relaxation of Piles in Sand and Inorganic Silt[J]. *Journal of the Soil Mechanics and Foundations Division*,1970,March:395-409.

[170] York,D. L.,Brusey,W. G. Clemente,F. M.,et al. Setup and relaxation in glacial sand[J]. *Journal of Geotechnical Engineering*, 1994, 120(9): 1498-1511.

[171] Yu,F. *Behavior of large capacity jacked piles*[D]. Hong Kong:The University of Hong Kong,2004.

[172] Yu,F.,Tan,G. H.,and Yang,J. Post-installation residual stresses in preformed piles jacked into granular soils[R]. Hong Kong: The University of Hong Kong,2010.

[173] Yu,F.,and Yang,J. Mechanism and assessment of interface shear between steel pipe pile and sand[C]//Sevi A. F.,Liu,J,Chao,S. *Advances in Pile Foundations*,*Geosynthetics*,*Geoinvestigations*,*and Foundation Failure Analysis and Repairs*. Reston:ASCE Publications,2011:56-64.

[174] Yu,H. S.,and Houlsby,G. T. Finite cavity expansion in dilatant soils: loading analysis[J]. *Geotechnique*,1991,41(2):173-183.

[175] Zhang,L. M.,Ng,C. W. W.,Chan,F.,et al. Termination criteria for jacked pile construction and load transfer in weathered soils[J]. *Journal of Geotechnical and Geoenvironmental Engineering*,2006,132(7):819-829.

[176] Zhang,L. M.,and Wang,H. Development of residual forces in long driven piles in weathered soils[J]. *Journal of Geotechnical and Geoenvironmental Engineering*,2007,133(10):1216-1228.

[177] Zhang,L. M. and Wang,H. Field study of construction effects in jacked and driven steel H-piles[J]. *Geotechnique*,2009,59(1):63-69.

[178] Zhu,G. Y. Wave Equation Applications for Piles in Soft Ground[C]. Fellenius,B. H. *Proc. of 3rd International Conference on the Application of Stress-Wave Theory to Piles*. Ottawa:Bitech Publishers,1988:831-836.

[179] 陈波,李向秋,闫澍旺. 动力打入钢管桩中的土塞研究现状[J]. 中国海上油气(工程),2003,15(1):25-28.

[180] 陈晶,高峰,沈晓明. 基于 ABAQUS 的桩侧摩阻力仿真分析[J]. 长春工业大学学报:自然科学版,2006,27(1):27-29.

[181] 陈龙珠,高飞,宋春雨,等. 静压预制桩挤土效应的现场监控与分析[J]. 上海交通大学学报,2003,37(12):1910-1915.

[182] 陈龙珠,梁国钱. 桩轴向荷载-沉降曲线的一种解析算法[J]. 岩土工程学报,1994,16(6):30-38.

[183] 陈书申. 固结效应与静压预制桩技术应用[J]. 土工基础,2001,15(4):27-30.

[184] 陈文. 饱和软土中静压桩沉桩机理及挤土效应研究[D]. 南京:河海大学硕士论文,1999.

[185] 陈文,施建勇,龚友平,等. 饱和粘土中静压桩挤土效应的离心模型试验研究[J]. 河海大学学报,1999,27(6):103-109.

[186] 陈文,施建勇,龚友平,等. 饱和粘土中沉桩机理及挤土效应压研究综述[J]. 水利水电科技发展,1999,3(8):38-41.

[187] 杜来斌. PHC管桩土塞效应浅析[J]. 工业建筑,2005,35(增):590-594,612.

[188] 龚维明,蒋永生,穆保岗,等. 某海洋平台钢管桩可打性分析[J]. 岩土工程学,2000,22(2):227-230.

[189] 何耀辉. 静压桩沉桩挤土效应研究及实测分析[D]. 杭州:浙江大学硕士论文,2005.

[190] 胡琦,蒋军,严细水,等. 回归法分析预应力管桩单桩极限承载力时效性[J]. 哈尔滨工业大学学报,2006,38(4):602-605.

[191] 胡士兵. 沉桩挤土球孔扩张理论研究和数值模拟分析[D]. 杭州:浙江大学博士学位论文,2007.

[192] 胡中雄. 饱和软黏土中单桩承载力随时间的增长[J]. 岩土工程学报,1985,7(3):58-61.

[193] 胡中雄,侯学渊. 上海饱和软土中打桩的挤土效应[R]. 同济大学岩土系土力学及基础工程教研室,1987.

[194] 黄宏伟. 微型预制桩单桩承载力时效现场试验分析[J]. 岩石力学与工程学报,2000,19(5):666-669.

[195] 黄院雄,许青侠,胡中雄. 饱和土中引起桩周围土体的位移[J]. 工业建筑,2000,30(7):15-19.

[196] 蒋明镜,沈珠江. 岩土类软化材料的柱形孔扩张统一解问题[J]. 岩土力学,1996,17(1):1-8.

[197] 蒋跃楠,韩选江. 静压桩终压力及单桩竖向承载力的相关性[J]. 南京工业大学学报,2006,28(5):63-66.

[198] 姜坷. 考虑软粘土结构性损伤的静压桩沉桩规律分析[D]. 杭州:浙江大学

硕士学位论文,2003.

[199] 李月健. 土体内球形孔扩张及挤土桩沉桩机理研究[D]. 杭州:浙江大学博士学位论文,2001.

[200] 鹿群,龚晓南,崔武文,等. 静压单桩挤土位移的有限元分析[J]. 岩土力学,2008,28(11):2426-2430.

[201] 李雄,刘金砺. 饱和软土中预制桩承载力时效研究[J]. 岩土工程学报,1992,14(4):9-16.

[202] 刘国辉. 土塞对管桩单桩竖向承载力计算的影响[D]. 天津:天津大学硕士论文,2007.

[203] 刘汉龙,雍君,丁选明,等. 现浇 X 型混凝土桩的荷载传递机理初探[J]. 防灾减灾工程学报,2009,29(3):267-271.

[204] 刘汉龙,费康,周云东,等. 现浇混凝土薄壁管桩内摩阻力的数值分析[J]. 岩土力学,2004,z2:211-216.

[205] 刘俊龙. 砾卵石层中预制桩的承载性状研究[J]. 岩土力学,2008,29(5):1280-1284.

[206] 刘俊伟,张明义,等. 基于球孔扩张理论和侧阻力退化效应的压桩力计算模拟[J]. 岩土力学,2009,30(4):1181-1185.

[207] 刘金砺,高文生,邱明兵,等. 建筑桩基技术规范应用手册[M]. 北京:中国建筑工业出版社,2010.

[208] 刘润,禚瑞花,闫澍旺. 大直径钢管桩土塞效应的判断和沉桩过程分析[J]. 海洋工程,2005,23(2):71-76.

[209] 刘松玉,吴燕开. 论我国静力触探技术(CPT)现状与发展[J]. 岩土工程学报,2004,26(4):553-556.

[210] 刘学增,朱合华. 上海典型土层与混凝土接触特性的试验研究[J]. 同济大学学报,2004,32(5):601-605.

[211] 刘英克,刘松玉,田兆丰. PHC 管桩挤土效应理论研究[J]. 常州工学院学报,2008,21(10):146-148.

[212] 鲁祖统. 软粘土地基中静力压桩挤土效应的数值模拟[D]. 杭州:浙江大学硕士论文,1998.

[213] 陆昭球,高倚山,宋铭栋. 关于开口钢管桩工作性状的几点认识[J]. 岩土工程学报,1999,21(3):111-114.

[214] 卢廷浩,王伟,王晓妮. 土与结构接触界面改进直剪试验研究[J]. 沈阳建筑大学学报:自然科学版,2006,22(1):82-85,99.

[215] 罗战友. 静压桩挤土效应及施工措施研究[D]. 杭州:浙江大学博士学位论

文,2004.

[216] 吕凡任. 倾斜荷载作用下斜桩基础工作性状研究[D]. 杭州:浙江大学硕士论文,2004.

[217] 律文田,王永和,冷伍明. PHC 管桩荷载传递的试验研究和数值分析[J]. 岩土力学,2006,27(3):466-469.

[218] 马海龙. 开口桩与闭口桩承载力时效的试验研究[J]. 岩石力学与工程学报,2008,27(S2):3349-3353.

[219] 帕塔列耶夫. 桩和桩基的计算[M]. 杨振清,译. 北京:人民交通出版社,1954.

[220] 樊良本. 关于打桩引起的土体位移及土中应力状态变化的探讨[D]. 上海:同济大学硕士论文,1981.

[221] 潘赛军. 管桩静压过程中地基孔压变化及承载力时效研究[D]. 杭州:浙江大学硕士论文,2006.

[222] 彭劼,施建勇,娄亮,等. 考虑时效作用的桩基承载力计算方法研究[J]. 岩土力学,2003,24(1):118-122.

[223] 邵勇,夏明耀. 预估打桩引起临近结构物桩基位移的新方法[J]. 同济大学学报,1996,24(2):137-141.

[224] 施鸣升. 沉入粘性土中桩的挤土效应探讨[J]. 建筑结构学报,1983,4(1):60-71.

[225] 孙更生,郑大同. 软土地基与地下工程[M]. 北京:中国建筑工业出版社,1984.

[226] 唐世栋. 用有效应力原理分析桩基承载力的变化全过程[D]. 上海:同济大学博士论文,1990:50-66.

[227] 唐世栋,何连生,傅纵. 软土地基中单桩施工引起的超孔隙水压力[J]. 岩土力学,2001,22(6):725-729.

[228] 唐世栋,何连生,叶真华. 软土地基中桩基施工引起的侧向土压力增量[J]. 岩土工程学报,2002,24(6):752-755.

[229] 唐世栋,王永兴,叶真华. 饱和土地基中群桩施工引起的超孔隙水压力[J]. 同济大学学报,2003,31(11):1290-1294.

[230] 铁路触探研究组. 静力触探确定打入混凝土桩的承载力[J]. 岩土工程学报,1979,1(1):4-23.

[231] 王启铜,龚晓南,曾国熙. 考虑探讨拉、压模量不同时静压桩的沉桩过程[J]. 浙江大学学报,1992,26(2):678-687.

[232] 王伟,卢廷浩,宰金珉. 预制桩承载力时效的人工神经网络预测[J]. 水运

工程,2004,370(11):9-12.

[233] 王伟,宰金珉,王旭东. 考虑时间效应的预制桩单桩承载力解析解[J]. 南京工业大学学报 2003,25(5):13-17.

[234] 王哲,龚晓南,丁洲祥,等. 大直径薄壁灌注筒桩土芯对承载性状影响的试验及其理论研究[J]. 岩石力学与工程学报,2005,24(21):3917-3921.

[235] 吴庆勇,张忠苗. 开口管桩极限承载力的分析与简化计算[J]. 工程勘察,2006,4:10-12,16.

[236] 谢永健,王怀忠,朱合华. 软黏土中 PHC 管桩打入过程中土塞效应研究[J]. 岩土力学,2009,30(6):1671-1675.

[237] 徐建平,周健,许朝阳,等. 沉桩挤土效应的模型试验研究[J]. 岩土力学,2000,21(3):235-238.

[238] 许清侠,黄院雄. 有限元分析打桩及打桩后桩周土再固结[J]. 建筑科学,2000,16(1):35-39.

[239] 杨敏,周洪波,朱碧堂. 长期重复荷载作用下土体与邻近桩基相互作用研究[J]. 岩土力学,2007,28(6):1083-1090.

[240] 杨敏,周洪波,杨桦. 基坑开挖与临近桩基相互作用分析[J]. 土木工程学报,2005,38(4):91-96.

[241] 姚笑青. 桩间土的再固结与桩承栽力的时效[J]. 上海铁道大学学报,1997,18(4):91-94.

[242] 姚笑青,胡中雄. 饱和软土中沉桩引起的孔隙水压力估算[J]. 岩土力学,1997,18(4):30-34.

[243] 俞峰,张忠苗. 混凝土开口管桩竖向承载力的经验参数法设计模型[J]. 土木工程学报,2011,44(7):100-111.

[244] 俞峰,谭国焕,杨峻,等. 静压桩残余应力的长期观测性状[J]. 岩土力学,2011,32(8):2318-2324.

[245] 俞峰,杨峻. 砂土中钢管桩承载力的静力触探设计方法[C]. 第十届中国桩基工程学术会议,河南开封,2011.

[246] 俞峰,谭国焕,杨峻,等. 粗粒土中预制桩的静压施工残余应力[J]. 岩土工程学报,2011,33(10):1526-1536.

[247] 宰金珉,杨嵘昌. 桩周土非线性位移的广义剪切位移法[J]. 南京建筑工程学院院报,1993,1:1-16.

[248] 周火垚,施建勇. 饱和软黏土中足尺静压桩挤土效应试验研究[J]. 岩土力学,2009,30(11):3291-3296.

[249] 郑俊杰,聂重军,鲁燕儿. 基于土塞效应的柱形孔扩张问题解析解[J]. 岩

石力学与工程学报,2006,25(增2):4004-4006.

[250] 郑俊杰,邢泰高,赵本. 沉桩挤土效应的参变量有限元分析[J]. 岩土工程学报,2005,27(7):796-799.

[251] 张鹤年,刘松玉,季鹏. PHC管桩在高速公路桥梁工程施工中引起的超孔隙水压力分析[J]. 建筑结构,2008,38(4):38-40.

[252] 张季如. 砂性土内球形孔扩张的能量平衡分析及其应用[J]. 土木工程学报,1994,27(4):37-44.

[253] 张明义. 静力压入桩的研究与应用[M]. 北京:中国建材工业出版社,2004.

[254] 张明义,邓安福,等. 静力压桩数值模拟的位移贯入法[J]. 岩土力学,2003,24(1):113-117.

[255] 张明义,刘俊伟,于秀霞. 饱和软黏土地基静压管桩承载力时间效应试验研究[J]. 岩土力学,2009,30(10):3005-3009.

[256] 张文超. 静压桩残余应力数值模拟及其对桩承载性状影响分析[D]. 天津:天津大学硕士论文,2007.

[257] 张忠苗. 预应力管桩在杭州的应用[C]//杭州市建筑业管理局. 深基础工程实践与研究. 北京:中国水利水电出版社,1999:301-306.

[258] 张忠苗. 软土地基超长嵌岩桩的受力性状[J]. 岩土工程学报,2001,23(5):552-556.

[259] 张忠苗,辛公锋,俞洪良. 软土地基管桩挤土浮桩与处理方法研究[J]. 岩土工程学报,2006,28(5):549-552.

[260] 张忠苗. 桩基工程[M]. 北京:中国建筑工业出版社,2007.

[261] 张忠苗. 工程地质学[M]. 北京:中国建筑工业出版社,2007.

[262] 张忠苗. 灌注桩后注浆技术及工程应用[M]. 北京:中国建筑工业出版社,2009.

[263] 张忠苗,喻君,张广兴. PHC管桩和预制方桩受力性状试验对比分析[J]. 岩土力学,2008,28(18):3061-3065.

[264] 张忠苗,张乾青,刘俊伟,等. 软土地区预应力管桩偏位处理实例分析[J]. 岩土工程学报,2010,32(6):975-980.

[265] 张忠苗,张乾青,贺静漪,等. 浙江某高层预应力管桩偏位和上浮处理实例分析[J]. 岩土力学,2010,31(9):2919-2924.

[266] 郑刚,顾晓鲁. 软土地基上静力压桩若干问题的分析[J]. 建筑结构,1998,19(4):54-60.

[267] 郑刚. 高等基础工程学[M]. 北京:机械工业出版社,2007.

[268] 周健,徐建平,许朝阳. 群桩挤土效应的数值模拟[J]. 同济大学学报,2000,28(6):721-725.

[269] 周健,王冠英. 开口管桩土塞效应研究进展及展望[J]. 建筑结构,2008,38(4):25-29.

[270] JGJ94—94. 建筑桩基技术规范[S]. 北京:中华人民共和国建设部,1994.

[271] JGJ94—2008. 建筑桩基技术规范[S]. 北京:中华人民共和国建设部,2008.

[272] JTG D63—2007. 公路桥涵地基与基础设计规范[S]. 北京:中华人民共和国交通部,2007.

[273] JGJ106—2003. 建筑桩基检测技术规范[S]. 北京:中华人民共和国建设部,2003.

[274] 桩基工程手册编写委员会. 桩基工程手册[M]. 北京:中国建筑工业出版社,1995.

符号清单

PLR：土塞率

p_a：参考压力

P_c：弹塑性区段交界面处的荷载

P_D：塑性区与滑移区交界处的荷载

R_e：等效桩径

P_J：终压力

P_0：桩顶沉降

Q_{ann}：管壁总端阻

$Q_{b,ann}$：桩壁端部荷载

$Q_{b,o}$：开口管桩的桩端阻力

$Q_{b,plg}$：土塞端部的荷载

Q_p：沉桩阻力（压桩力）

Q_{pk}：单桩总极限端阻力标准值

Q_{plg}：土塞总端阻

Q_s：端部土体对土塞作用力

Q_{si}：内壁总摩阻力

Q_{sk}：单桩总极限侧阻力标准值

Q_{so}：外壁总摩阻力

Q_{uk}：单桩竖向极限承载力标准值

Q_0：桩顶荷载

q_{ann}：单位管壁端阻

$q_{b,o}$：开口管桩单位桩端阻力

$q_{b,plg}$：土塞端部竖向应力

$q_{b,c}$：闭口桩或实体桩单位桩端阻力

$q_{b,b}$：钻孔灌注桩端阻力

$q_{c,avg}$：一定范围内 CPT-q_c均值

q_{plg}：单位土塞端阻

$q_{plg,max}$：完全闭塞时的单位土塞端阻

$q_{plg,min}$：完全非闭塞时单位土塞端阻

$\overline{q_i}$：静力触侧摩阻力平均值

$\overline{q_r}$：静力触探端阻的平均值

q_t：修正后的锥尖阻力

$q_{t,avg}$：修正后的锥尖阻力平均值

q_{sik}：单位极限侧阻

q_{pk}：单位极限端阻

R_a：承载力特征值

r_0：桩半径

S：桩土相对位移

S_b：桩端沉降

$S_{b,plg}$：土塞端部沉降

$S_{b,ann}$：桩壁端部沉降

S_C：弹塑性区段交界面处的沉降

S_D：塑性区与滑移区交界处的沉降

S_u：桩壁外侧摩阻力极限位移

S_0：桩顶沉降

S_1：桩壁外侧弹塑性阶段的界限位移

t：离桩端的高度

U：桩身截面周长

W_p：土塞自重

w_0：土塞端部与桩壁的相对位移

λ_s：侧阻挤土效应系数

λ_p：桩端土塞效应系数

λ_1：桩壁外侧弹性阶段剪切刚度系数

λ_2：桩壁外侧塑性阶段剪切刚度系数

η：比例系数，即 f_{sol} 与 f_{sou} 的比值

ρ：挤土密度

υ_s：桩侧土的泊松比

δ：桩壁与桩侧土的摩擦角

γ'：桩侧土的有效重度

$\varphi'(\varphi)$：土的内摩擦角

ϕ：土塞与桩内壁的摩擦角

υ_b：桩端土的泊松比

ΔQ_0：桩顶荷载增加量

Δr：轴向加载引起的桩-土剪切带径向位移

ΔS_0：桩顶沉降

ΔS_p：桩身压缩量

$\Delta \sigma'_r$：轴向受荷引起的径向有效应力

增量

α:桩端阻力修正系数

β_i:桩侧阻力综合修正系数

σ_r':桩-土界面破坏时的径向有效应力

σ_{rc}':静置期的径向有效应力

σ_v':土的初始竖向有效应力

第3章

A:管壁处的最大超孔隙水压力

B:超孔隙水压力沿径向衰减的速度

c:土体黏聚力

d:桩的直径

Es:压缩模量

e:孔隙比

f_m:退化后的桩侧最终摩阻力

$H(L)$:桩入土深度

H_1:桩侧脱离区

h:离地面的距离

h_i:每一沉桩循环实现的贯入深度

I_L:液性指数

I_p:塑性指数

K:桩侧土压力系数

N:某深度处所经历的沉桩循环次数

n:球孔的等价数量

P_0:孔的初始压应力

P_u:扩张后的孔内最终压力

r:计算点半径(离桩心距离)

t:管桩的壁厚

R_0:孔的初始半径

R_1:真实源与计算点的距离

R_2:镜像源与计算点的距离

R_p:塑性区半径

$R_u(R)$:扩张后的孔径

U_{max}:超孔隙水压力峰值

u_p:弹塑性区交界面处的径向位移

u_r:径向位移

u_z:竖向位移

u_{r1}:真实源作用下的径向位移

u_{r2}:镜像源作用下的径向位移

σ_r:半无限体中的径向应力

σ_{r1}:真实源作用下的径向应力

σ_{r2}:镜像源作用下的径向应力

σ_θ:切向应力

$\sigma_{\theta1}$:真实源作用下的切向应力

$\sigma_{\theta2}$:镜像源作用下的切向应力

σ_p:弹塑性区交界面处径向应力

σ_z:竖向应力

σ_{v0}':上浮有效压力

σ_v':桩侧土竖向有效应力

ε_r:径向应变

ε_v:体积应变

ε_θ:切向应变

$\varepsilon_{\theta p}$:弹塑性区交界面处的环向应变

φ:土体摩擦角

Ψ:土体剪胀角

$\triangle$:塑性区平均体积应变

Δh:单一球孔等价于实体桩的高度

Δu:超孔隙水压力增量

τ_{zr}:单个真实源作用下的竖向剪应力

$\overline{IFR}$:Δh 范围内的平均土塞增长率

δ:桩土界面摩擦角

γ':桩侧土有效重度

ζ:侧阻退化系数

$[\ ]$:向上取整

第4章

A:时效系数

A_{rec}:修正后的时效系数

A_{rep}:复压后时效系数

$A_{rb,eff}$:有效面积率

A_{unrep}:未复压后时效系数

a:影响区半径与桩半径之比

c_h:土体水平向固结系数

c_u:黏聚力

C:复压调节系数

$D(d)$:管桩外径

D_i:管桩内径

E_s/压缩模量

G:土剪切模量

Gs:比重

IFR:土塞增长率

I_p:塑性指数

I_L:液性指数

I_r:土的刚度指数

J_0:零阶贝塞尔函数

J_1:一阶贝塞尔函数

L:桩长

PLR:土塞率

Pre:最终压桩力

Q_{ann}:管壁总端阻

Q_{plg}:土塞总端阻

Q_t:桩的变化后承载力

Q_0:桩的初始承载力

Q_{max}:静载试验最大加载量

Q_u:极限承载力

$Q_{u,prd}$:极限承载力预测值

q_{ann}:单位管壁端阻

q_c:静力触探锥尖阻力

q_{plg}:单位土塞端阻

R:安全系数

R^*:有效半径

r:距离桩心的距离

S:桩顶沉降

S_u:土的不排水抗剪强度

$S(i)$:第 i 级荷载时的累积沉降

$\hat{S}(k)$:第 k 级荷载时的沉降预测值

T:时间因数

t:休止时间

t_0:初次确定承载力的时间

w:天然含水量

Δu_{max}:桩侧最大超孔隙水压力

Δu:桩侧超孔隙水压力

ΔS:桩顶沉降增量

φ:摩擦角

λ_i:零阶贝塞尔函数的第 i 个零解

第 5 章

A_p:桩身截面积

D_e:等效桩径

E_p:桩身弹性模量

f_{lim}:桩侧残余负摩阻力极值

f_m:退化后的桩侧最终摩阻力

f_r:桩侧残余摩阻力

f_u:桩侧极限摩阻力

h_i:每一压桩循环所实现的贯入度

k:摩阻力分布系数

k_e:桩端土刚度系数

k_f:桩侧剪切刚度系数

K:桩侧土压力系数

L_p:桩埋置深度

$SPT-N$:标贯击数

N:总沉桩循环次数

$N(z)$:深度 z 处桩身轴力

n:某深度处所经历的沉桩循环次数

q_{pr}:桩端残余应力

q_u:极限桩端阻力

S_e:桩端回弹量

S_u:发挥极限侧阻所需桩土位移

Z_{lim}:与 f_{lim} 对应的深度

Z_n:中性点深度

Π:桩身压缩变形能

Π_e:回弹过程中桩端土对桩所做的功

Π_f:回弹过程中桩侧土对桩所做的功

Π_r:桩身残余变形能

Π_s:回弹过程中桩身释放的变形能（土对桩所做的功）

δ:桩土界面摩擦角

σ_r:桩身残余应力

σ_v':桩侧土竖向有效应力

γ':桩侧土有效重度

ζ_s:桩截面周长

$[\ ]$:向下取整